ESTRADAS CÓSMICAS
UM OLHAR SOBRE O FUTURO
DA HUMANIDADE NO ESPAÇO SIDERAL

Editora Appris Ltda.
1.ª Edição - Copyright© 2023 do autor
Direitos de Edição Reservados à Editora Appris Ltda.

Nenhuma parte desta obra poderá ser utilizada indevidamente, sem estar de acordo com a Lei nº 9.610/98. Se incorreções forem encontradas, serão de exclusiva responsabilidade de seus organizadores. Foi realizado o Depósito Legal na Fundação Biblioteca Nacional, de acordo com as Leis nos 10.994, de 14/12/2004, e 12.192, de 14/01/2010.

Catalogação na Fonte
Elaborado por: Josefina A. S. Guedes
Bibliotecária CRB 9/870

M777e 2023	Montenegro, Edwar Estradas cósmicas: um olhar sobre o futuro da humanidade no espaço sideral / Edwar Montenegro. – 1. ed. – Curitiba: Appris, 2023. 145 p. ; 23 cm. ISBN 978-65-250-5075-1 1. Cosmologia. 2. Foguetes (Aeronáutica). 3. Evolução. 4. Planetas. I. Título. CDD – 523.1

Appris editora

Editora e Livraria Appris Ltda.
Av. Manoel Ribas, 2265 – Mercês
Curitiba/PR – CEP: 80810-002
Tel. (41) 3156 - 4731
www.editoraappris.com.br

Printed in Brazil
Impresso no Brasil

Edwar Montenegro

ESTRADAS CÓSMICAS
UM OLHAR SOBRE O FUTURO
DA HUMANIDADE NO ESPAÇO SIDERAL

FICHA TÉCNICA

EDITORIAL
Augusto Coelho
Sara C. de Andrade Coelho

COMITÊ EDITORIAL
Marli Caetano
Andréa Barbosa Gouveia (UFPR)
Jacques de Lima Ferreira (UP)
Marilda Aparecida Behrens (PUCPR)
Ana El Achkar (UNIVERSO/RJ)
Conrado Moreira Mendes (PUC-MG)
Eliete Correia dos Santos (UEPB)
Fabiano Santos (UERJ/IESP)
Francinete Fernandes de Sousa (UEPB)
Francisco Carlos Duarte (PUCPR)
Francisco de Assis (Fiam-Faam, SP, Brasil)
Juliana Reichert Assunção Tonelli (UEL)
Maria Aparecida Barbosa (USP)
Maria Helena Zamora (PUC-Rio)
Maria Margarida de Andrade (Umack)
Roque Ismael da Costa Güllich (UFFS)
Toni Reis (UFPR)
Valdomiro de Oliveira (UFPR)
Valério Brusamolin (IFPR)

SUPERVISOR DA PRODUÇÃO
Renata Cristina Lopes Miccelli

PRODUÇÃO EDITORIAL
Bruna Holmen

REVISÃO
Cristiana Leal

DIAGRAMAÇÃO
Renata Cristina Lopes Miccelli

CAPA
Eneo Lage

A todos os destemidos exploradores espaciais que, num futuro próximo, se aventurarão pelas estradas cósmicas rumo ao desconhecido.

APRESENTAÇÃO

Em meio à vastidão do universo, encontramo-nos como meros grãos de areia em uma praia infinita, contemplando o céu noturno repleto de estrelas e ansiando por compreender o que se esconde além do horizonte cósmico. Por meio de telescópios e sondas espaciais, temos vislumbrado fragmentos desse mistério, mas a verdadeira jornada está apenas começando. *Estradas cósmicas: um olhar sobre o futuro da humanidade no Espaço Sideral* é uma ode à nossa busca incessante por conhecimento e uma celebração da indomável curiosidade humana que nos impulsiona rumo ao desconhecido.

É comumente observado uma curiosidade e um desejo intenso na humanidade de entrar em contato e conhecer seres de outras partes do universo. Talvez seja por isso que, muitas vezes, nossa imaginação nos leva a acreditar que eles possam estar aqui na Terra. No entanto, este livro adota uma abordagem diferente, convidando-nos a refletir sobre como, em um futuro distante, nós, seres humanos, poderíamos nos aventurar por diversos lugares do universo.

Neste livro, exploraremos as perspectivas atuais e futuras da Exploração Espacial humana e suas implicações. Enquanto nos aventuramos nas profundezas do espaço, enfrentaremos desafios sem precedentes e questionamentos profundos sobre nossa própria existência. Afinal, somos feitos da mesma matéria das estrelas que tanto nos fascinam e, ao explorar o Espaço Sideral, estamos também explorando nossas próprias origens e destino.

Esta obra é um convite para embarcar em uma jornada de descoberta e reflexão, em que ciência, filosofia e poesia se entrelaçam para traçar um retrato vívido das possibilidades que nos aguardam entre as estrelas. Aqui, examinaremos as tecnologias emergentes que poderão nos levar aos confins do universo e as implicações éticas e morais que enfrentaremos ao estabelecer nossa presença além da Terra.

O leitor será transportado para um mundo onde a humanidade se aventura corajosamente pelo cosmos, estabelecendo comunidades prósperas em outros planetas e luas. Juntos, contemplaremos a imensidão do universo e ponderaremos nosso lugar nele, refletindo sobre a beleza e a complexidade do cosmos que nos envolve.

Ao ler *Estradas cósmicas*, espero que os leitores se sintam inspirados a buscar o conhecimento e a compreensão que só podem ser encontrados quando nos aventuramos além de nossas fronteiras terrestres. Que sirva como um lembrete de que, como espécie, temos a capacidade de superar obstáculos aparentemente intransponíveis e de nos reinventar em nossa jornada pelo cosmos.

Esta obra representa uma expressão apaixonada pela ciência e pela exploração do universo por parte dos seres humanos. É um convite às gerações futuras para que se unam a nós nessa emocionante jornada e guiem a humanidade a níveis mais elevados de compreensão e conquistas. Acredito firmemente que a exploração do Espaço Sideral é uma jornada que todos devemos empreender juntos, unidos em nossa busca pelo conhecimento e pelo futuro da humanidade.

Convido você a se juntar a nós nesta jornada cósmica e a desvendar os mistérios e as maravilhas do universo. Que estas páginas sirvam como um farol de esperança e inspiração, guiando-nos pelas estradas cósmicas que se estendem diante de nós. Juntos, adentraremos no desconhecido, ousando sonhar com um futuro em que a humanidade não esteja mais confinada aos limites de nosso planeta natal, mas sim florescendo em meio à vastidão do Espaço Sideral.

Ao longo da leitura, permita-se ser cativado pela poesia cósmica que permeia nossa busca pelo conhecimento e inspire-se na resiliência e determinação daqueles que se lançam ao desconhecido em busca de novas fronteiras. Que seja um lembrete de que somos, nas palavras do grande Carl Sagan, "filhos das estrelas" e que nossa jornada pelo universo é uma continuação de nossa evolução e nosso legado como seres humanos.

Ao encerrar este prefácio, deixo-lhes um convite para explorar e apreciar *Estradas cósmicas: um olhar sobre o futuro da humanidade no Espaço Sideral*. Que o livro instigue você a refletir sobre nosso papel no cosmos e o potencial ilimitado que aguarda a humanidade nas profundezas do espaço e, acima de tudo, que encoraje você a fazer parte desta emocionante aventura, que se desenrolará nas próximas gerações e além.

Com coragem, determinação e a curiosidade que sempre nos caracterizou, começaremos esta nova aventura pelas estradas cósmicas, em direção a um futuro brilhante e repleto de possibilidades inexploradas.

O autor

Teresina – Brasil, 2023

SUMÁRIO

O BERÇO DA HUMANIDADE 13

O ESPAÇO: A PRÓXIMA FRONTEIRA 24

A JORNADA ESPACIAL AO LONGO DA HISTÓRIA 31

OS DESAFIOS FÍSICOS E MENTAIS DA VIDA NO ESPAÇO . . 42

AS OPORTUNIDADES INFINITAS DO COSMOS 54

EXPLORAÇÃO ROBÓTICA DO ESPAÇO 66

FUTURO DA EXPLORAÇÃO ROBÓTICA DO ESPAÇO 73

O IMPACTO DA EXPLORAÇÃO ESPACIAL NA CIÊNCIA
E NA TECNOLOGIA 79

A EXPLORAÇÃO ESPACIAL COMO UMA FORÇA
UNIFICADORA PARA A HUMANIDADE 88

A IMPORTÂNCIA DA EXPLORAÇÃO DE MARTE 96

UMA SOCIEDADE ESPACIAL 106

EXPLORAÇÃO ESPACIAL BRASILEIRA 124

CONCLUSÃO 136

O BERÇO DA HUMANIDADE

Há, aproximadamente, 13,8 bilhões de anos, num instante ardente e efêmero, nasceu o tempo e o espaço. Uma singularidade de densidade infinita "explodiu" em um evento cataclísmico que deu origem ao universo que hoje conhecemos. Neste capítulo, teceremos poesia e ciência para contar a história da Terra, o berço da humanidade, desde o Big Bang até a formação de nosso lar celeste, revelando a teia de eventos cósmicos e forças que moldou nossa existência.

Nos primeiros momentos após o Big Bang, o universo se expandiu e esfriou em uma dança frenética, em que partículas subatômicas começaram a se combinar, formando átomos de hidrogênio e hélio, os elementos mais leves e abundantes do cosmos. À medida que o universo dançava sua valsa cósmica, a matéria se agrupava sob a influência da gravidade, dando origem às primeiras estrelas e galáxias.

As primeiras estrelas, conhecidas como estrelas da População III, eram massivas e brilhantes, vivendo vidas curtas e intensas. Como fornalhas nucleares, sintetizavam elementos mais pesados, como carbono, oxigênio e ferro, por meio do processo de nucleossíntese estelar. Ao findar suas vidas, morriam em explosões catastróficas de supernovas, lançando seus elementos recém-formados no espaço interestelar.

Dessas supernovas, o meio interestelar se enriqueceu com elementos mais pesados, que foram reciclados por gerações subsequentes de estrelas e planetas. Cerca de 4,6 bilhões de anos atrás, uma nuvem molecular rica nesses elementos colapsou sob sua própria gravidade, dando origem ao nosso Sistema Solar. No centro dessa nuvem em colapso, nasceu o Sol, enquanto o material restante se aglomerava para formar os planetas, incluindo nossa amada Terra.

A Terra é composta de elementos químicos gerados pelas gerações anteriores de estrelas, revelando nossa profunda e exaltante conexão com o cosmos. Somos, em essência, feitos das cinzas estelares de estrelas longínquas e ancestrais.

Ao longo desta jornada, ganharemos uma apreciação mais profunda de nosso lugar no cosmos e do legado estelar que compartilhamos. A história da Terra é um testemunho da incrível resiliência da vida e das forças cósmicas que trabalharam juntas para criar as condições necessárias para o surgimento e a evolução das espécies.

Neste capítulo, exploraremos a importância das condições únicas que permitiram que a Terra se tornasse um berço para a vida. A localização do nosso planeta na "zona habitável" do nosso sistema solar, a presença de água líquida e de uma atmosfera protetora e a atividade geotérmica interna são apenas alguns dos fatores que contribuíram para a formação de um ambiente adequado ao desenvolvimento da vida.

Embarque conosco nesta viagem pelo tempo e espaço, na qual descobriremos o legado estelar da humanidade e a incrível série de eventos que levaram à formação da Terra, nosso lar e berço da vida. Nesta aventura, nos maravilharemos com a beleza e a complexidade do cosmos e compreenderemos melhor nosso lugar no vasto panorama do espaço e do tempo.

Ao nos aprofundarmos nessa história fascinante, também refletiremos sobre os desafios enfrentados pelos cientistas ao tentar desvendar os mistérios de nosso passado cósmico. Avanços nas áreas da astrofísica, geologia e biologia têm fornecido vislumbres cada vez mais detalhados do processo pelo qual a Terra se formou e evoluiu, mas muitas perguntas ainda permanecem sem resposta.

Em última análise, este capítulo nos convida a contemplar a imensidão do universo e a complexidade da vida, reconhecendo que somos tanto o produto quanto o testemunho da incrível resiliência da matéria e da energia que compõem o tecido do cosmos. Ao explorar a história da Terra e do universo, podemos começar a apreciar a beleza e a interconexão de todos os fenômenos naturais e a responsabilidade que temos como membros da comunidade cósmica.

Prepare-se para embarcar nesta jornada épica, na qual viajaremos pelo tempo e espaço para revelar as origens de nossa própria existência e a incrível cadeia de acontecimentos que nos trouxe até aqui. Com cada passo, seremos cativados pela história poética e científica de nosso lar celeste e pelo deslumbrante espetáculo do cosmos, inspirando-nos a apreciar e proteger nossa preciosa morada e a buscar novos horizontes na fronteira final.

O SISTEMA SOLAR

Somos todos navegantes a bordo de uma espaçonave chamada Terra, orbitando uma estrela comum, o Sol, em nossa singela morada no cosmos. Permitam-me compartilhar convosco um vislumbre do nosso extraordinário Sistema Solar, com ênfase na Terra e na Lua, moldadas por bilhões de anos por processos cósmicos e geológicos.

O Sistema Solar é composto pela estrela central, o Sol, e pelos objetos celestes que o orbitam, abrangendo oito planetas, seus satélites naturais, asteroides, cometas e demais corpos menores. Estende-se por mais de 9 bilhões de quilômetros, desde a borda do Sol até a região remota do espaço conhecida como Cinturão de Kuiper.

No coração do Sistema Solar, encontra-se o Sol, uma esfera de plasma incandescente, composta majoritariamente por hidrogênio e hélio. Ele representa mais de 99,8% da massa total do Sistema Solar e fornece a energia que alimenta a vida na Terra. A luz solar leva cerca de 8 minutos e 20 segundos para percorrer os 150 milhões de quilômetros até a Terra.

A Terra, nosso lar, é o terceiro planeta do Sol e o único no Sistema Solar onde se conhece a existência de vida. Com um diâmetro de aproximadamente 12.742 quilômetros, é um planeta rochoso, com uma atmosfera sutil, composto principalmente de nitrogênio e oxigênio. A superfície da Terra é um mosaico de continentes e oceanos, e seu interior é composto por um núcleo de ferro e níquel, envolto por um manto e uma crosta.

A história da Terra é um intrincado bordado de eventos geológicos, climáticos e biológicos, que se estende por 4,6 bilhões de anos. Nesse período, a Terra vivenciou ciclos de supercontinentes, eras glaciais, extinções em massa e o florescimento da vida em todas as suas formas. Tudo isso ocorreu em um planeta dinâmico, com placas tectônicas em constante movimento e uma atmosfera sempre em evolução.

Orbitando a Terra, à distância média de 384.400 quilômetros, encontra-se a Lua, nosso satélite natural. Com um diâmetro de cerca de 3.474 quilômetros, é o quinto maior satélite do Sistema Solar. Sua superfície é marcada por crateras, montanhas e planícies vulcânicas, fruto de bilhões de anos de impactos de meteoritos e atividade geológica.

A Lua desempenha um papel crucial na vida terrestre, estabilizando o eixo de rotação de nosso planeta e influenciando as marés oceânicas.

Acredita-se que ela tenha sido formada a partir dos destroços resultantes de uma colisão entre a jovem Terra e um objeto do tamanho de Marte, há cerca de 4,5 bilhões de anos.

Nós, seres humanos, estamos todos interligados, não apenas uns com os outros, mas também com esse universo em constante evolução; somos feitos dos mesmos elementos que as estrelas, os planetas e as luas que habitam o universo. Somos tão parte desse tecido cósmico quanto os corpos celestes que chamamos de lar. Com o progresso da ciência e da tecnologia, seguimos desvendando os mistérios do espaço, aproximando-nos cada vez mais de um entendimento mais profundo da natureza do universo e de nosso lugar nele.

As descobertas científicas realizadas, ao longo dos séculos, nos oferecem um vislumbre da dança intrincada e interconectada dos corpos celestes em nosso Sistema Solar. O conhecimento adquirido por meio do estudo da Terra, da Lua e dos outros planetas e luas permite-nos apreciar melhor a complexidade da natureza e a importância de proteger e preservar nosso planeta natal.

Agora, enquanto nos preparamos para adentrar a próxima seção, exploraremos a origem da vida. Compreenderemos como, em meio a um universo aparentemente inóspito, surgiram as primeiras centelhas de vida e como elas evoluíram para formar a diversidade que conhecemos hoje. Junte-se a nós nesta jornada, enquanto buscamos desvendar os mistérios da vida e nosso lugar no grande concerto cósmico.

A VIDA NA TERRA

Em um épico e misterioso poema, a história da vida na Terra desenrola-se como um grande enredo, tecido pelos fios do tempo que se estendem por bilhões de anos. Desde a aurora do nosso planeta até os dias de hoje, a vida tem dançado uma valsa evolutiva, desde as formas mais simples até as criaturas de complexidade inimaginável que habitam nosso mundo. Guiados pelas descobertas da ciência e pelos princípios da seleção natural de Charles Darwin, somos convidados a mergulhar na fascinante jornada da vida até chegarmos à nossa existência como seres humanos.

No berço da vida, há cerca de 3,5 a 4 bilhões de anos, a Terra era um palco hostil, onde vulcões em erupção, atmosfera envenenada por dióxido de carbono e amônia, bem como oceanos repletos de compostos orgânicos compunham um cenário caótico. Entretanto, foi nesse ambiente desafiador que as primeiras moléculas orgânicas encontraram seu caminho, costurando os primeiros sinais de vida em um tecido cósmico.

Os primeiros habitantes desse mundo eram organismos unicelulares simples, que viviam em mares primitivos e extraíam sua energia de processos químicos, como a fermentação. Com o passar do tempo, algumas dessas bactérias desenvolveram a mágica da fotossíntese, capturando a luz do sol e convertendo-a em energia química, liberando oxigênio como um sopro vital. Esse processo transformou a atmosfera terrestre, enriquecendo-a com oxigênio e abrindo caminho para a ascensão de formas de vida mais complexas.

A vida na Terra, como uma sinfonia, seguiu em constante evolução. Cerca de 2 bilhões de anos atrás, surgiram os primeiros organismos eucarióticos, com núcleo celular distinto e organelas internas, como notas mais complexas em uma partitura. Essas células eucarióticas, mais elaboradas que as bactérias, desencadearam uma explosão de diversidade, dando origem a uma infinidade de organismos multicelulares.

No período Cambriano, há aproximadamente 540 milhões de anos, a vida na Terra passou por uma rápida diversificação, conhecida como a "Explosão Cambriana". Foi nesse momento que muitos dos principais grupos de animais que conhecemos hoje começaram a se desenvolver, incluindo os artrópodes, moluscos e equinodermos. Nesse ínterim, os primeiros ancestrais dos vertebrados, como os peixes, também emergiram das profundezas do tempo.

A evolução da vida na Terra foi conduzida pela batuta da seleção natural, um processo descrito por Charles Darwin em seu livro *A Origem das Espécies*. A seleção natural é a força que impulsiona os indivíduos com características benéficas, que lhes conferem vantagens na sobrevivência e reprodução, a passar essas características adiante. Ao longo do tempo, essas características vantajosas tornam-se mais comuns na população, guiando a transformação das espécies ao longo das eras.

Ao longo dos milênios, a vida na Terra continuou a evoluir e a diversificar-se, como um majestoso jardim repleto de espécies adaptadas a uma vasta gama de ambientes. Plantas colonizaram a terra firme, dando vida aos continentes e criando habitats para a vida terrestre florescer. Os animais também se aventuraram em terra, dando origem a anfíbios, répteis, mamíferos e aves, cada um com sua própria história evolutiva e adaptações ao mundo em constante mudança.

ESTRADAS CÓSMICAS:
UM OLHAR SOBRE O FUTURO DA HUMANIDADE NO ESPAÇO SIDERAL

Há cerca de 65 milhões de anos, um evento catastrófico, talvez o impacto de um asteroide, selou o destino dos dinossauros, levando-os à extinção em massa. Essa tragédia abriu caminho para o surgimento dos mamíferos como as criaturas dominantes na Terra. Os mamíferos, aos quais pertencem os primatas, são caracterizados pela habilidade de regular a temperatura do corpo, possuir pelos e alimentar seus filhotes com leite produzido pelas glândulas mamárias.

Dentro do grupo dos primatas, um ramo evolutivo particularmente fascinante é o dos hominídeos, que engloba os humanos e seus parentes mais próximos. Os primeiros hominídeos emergiram na África, cerca de 6 a 8 milhões de anos atrás, e possuíam características distintas que os diferenciavam de outros primatas, como a postura ereta e um aumento no tamanho do cérebro.

A evolução dos hominídeos incluiu várias espécies e gêneros distintos, mas foi com o gênero Homo que ocorreram desenvolvimentos cruciais, como a fabricação de ferramentas, o desenvolvimento da linguagem e a expansão do cérebro. Os primeiros Homo sapiens surgiram na África, há 300 mil anos, e migraram para outras partes do mundo, há cerca de 70 mil anos. Eles interagiram com outras espécies de Homo, mas, com o tempo, se tornaram a única espécie humana sobrevivente.

A evolução da vida na Terra é um conto épico de adaptação e diversidade, impulsionado pelos princípios da seleção natural de Darwin. Desde os primeiros organismos unicelulares até a complexidade dos seres humanos, a vida tem se metamorfoseado continuamente, explorando e se adaptando a ambientes em constante mudança. Enquanto continuamos a investigar e aprender sobre nossa história evolutiva, é essencial que apreciemos e protejamos a rica biodiversidade que nos rodeia e que representa o legado duradouro de bilhões de anos de evolução. É nesse contexto que nos voltamos à evolução humana, uma saga fascinante e intrigante que nos leva a refletir sobre nossa própria natureza e destino. Os seres humanos, como espécie, carregam consigo um poder único, com habilidades para criar, comunicar e moldar o mundo ao seu redor. À medida que investigamos e desvendamos os mistérios do nosso próprio passado evolutivo, nos aproximamos de compreender a complexidade do ser humano e nossa conexão com a vida nesse planeta.

Nesse contexto, a evolução humana nos apresenta um panorama de conquistas e desafios, tanto no passado quanto no presente. A jornada humana, desde os primeiros hominídeos até os Homo sapiens modernos, é uma história de superação e adaptação às mudanças ambientais e às pressões seletivas. Por meio dessa jornada, os seres humanos desenvolveram capacidades únicas, como a inteligência, a linguagem e a cooperação, que permitiram que nossa espécie se destacasse no grande espetáculo da vida.

Contudo, a evolução humana também traz consigo uma responsabilidade crescente. Como os guardiões do legado evolutivo de bilhões de anos, cabe a nós apreciar e proteger a rica biodiversidade que nos rodeia. Aprender sobre nossa própria história evolutiva é não apenas uma busca por autoconhecimento, mas também um lembrete do papel que desempenhamos no futuro desse incrível e diversificado planeta.

Ao olhar para a evolução humana e para o legado que herdamos, somos confrontados com perguntas fundamentais sobre quem somos e qual nosso propósito nesse vasto e misterioso universo. Assim, ao explorar a história da vida na Terra e a evolução da nossa própria espécie, somos convidados a refletir sobre o caminho que escolhemos seguir e o impacto que teremos no futuro deste mundo e de todas as formas de vida que nele habitam.

A EVOLUÇÃO HUMANA

A história da evolução humana é uma tapeçaria fascinante, tecida ao longo de milhões de anos, desde os primeiros hominídeos que emergiram na África até os cientistas e pensadores que orquestram nosso mundo atual. Nesse percurso lírico, exploraremos a ascensão dos seres humanos, dos nossos ancestrais mais remotos até os Homo sapiens contemporâneos, e como a ciência e a tecnologia moldaram nosso desenvolvimento ao longo do tempo.

A epopeia da evolução humana se inicia há cerca de 6 a 8 milhões de anos, com a aurora dos primeiros hominídeos no solo africano. Esses pioneiros ancestrais humanos caminhavam eretos e exibiam características distintas dos demais primatas, como uma postura altiva e um cérebro de maior envergadura proporcional ao corpo. Uma das espécies mais célebres dessa era é o Australopithecus afarensis, cujo fóssil mais emblemático, "Lucy", foi desvelado na Etiópia em 1974.

Enquanto os hominídeos evoluíam, novas espécies floresciam, cada qual com suas peculiaridades e adaptações. Cerca de 2,8 milhões de anos atrás, o gênero Homo irrompeu, assinalando um momento crucial na evolução humana. Os integrantes do gênero Homo eram dotados de um cérebro ainda mais avantajado, o que lhes conferia capacidades superiores de raciocínio e comunicação. Além disso, a confecção e o uso de ferramentas passaram a compor parte importante de seu cotidiano.

Os primeiros Homo sapiens, nossos ancestrais diretos, surgiram na África por volta de 300 mil anos atrás. Esses primeiros humanos modernos desenvolveram habilidades cada vez mais refinadas, abrangendo a caça organizada, a produção de ferramentas de pedra e osso, bem como a construção de abrigos e vestimentas. Há, aproximadamente, 70 mil anos, os Homo sapiens empreenderam a jornada para além da África, disseminando-se pelo mundo e encontrando outras espécies de Homo, como os neandertais e os denisovanos.

Ao percorrer o globo, os humanos passaram a cultivar práticas agrícolas e a domesticar animais, culminando na Revolução Agrícola, por volta de 10.000 a.C. Esse evento transformador possibilitou que os seres humanos estabelecessem assentamentos duradouros e erigissem sociedades complexas, com divisão do trabalho e desenvolvimento de governos, religiões e sistemas de escrita.

A invenção da escrita, por volta de 3.200 a.C., inaugurou o alvorecer da história registrada e permitiu que os seres humanos começassem a documentar e compartilhar conhecimentos de uma maneira inédita. A partir desse marco, a história humana foi marcada por uma sucessão de avanços científicos e tecnológicos, como a criação do alfabeto, a matemática, a filosofia e a ciência.

Durante a Revolução Científica, algo mágico aconteceu! A ciência e o conhecimento foram completamente transformados. A mente brilhante de pensadores e cientistas começaram a questionar as crenças e ideias antigas, adotando um método empírico baseado em observações e experimentos. Essa revolução produziu algumas das mentes mais brilhantes da história humana, incluindo Galileu Galilei, Isaac Newton e René Descartes.

Essa mudança de paradigma no pensamento científico não só estabeleceu as bases para os avanços que ocorreram durante a Revolução Industrial no século XVIII e XIX, como também transformou completamente a sociedade humana! A invenção de máquinas a vapor, a produção em massa e a crescente urbanização impulsionaram o progresso científico e tecnológico em uma escala sem precedentes.

No século XX, a humanidade presenciou avanços extraordinários em áreas, como a medicina, a física e a biologia. A descoberta da estrutura do DNA por James Watson e Francis Crick, em 1953, revolucionou nosso entendimento da hereditariedade e da vida em nível molecular. A corrida espacial entre os Estados Unidos e a União Soviética levou à exploração de novas fronteiras, culminando na chegada do homem à Lua em 1969!

E não podemos esquecer os avanços na computação e na tecnologia da informação! Eles desempenharam um papel fundamental no progresso humano, permitindo que cientistas e pesquisadores colaborassem em escala global. A internet, por exemplo, transformou completamente a maneira como os seres humanos interagem e aprendem, tornando-se uma ferramenta essencial para a comunicação e o acesso ao conhecimento.

Hoje, os cientistas são herdeiros de milhões de anos de evolução humana e do progresso intelectual que foi acumulado ao longo desse tempo. Eles estão na vanguarda de campos emergentes, como a inteligência artificial, a biotecnologia e a Exploração Espacial, buscando expandir ainda mais os limites do conhecimento humano.

A história da evolução humana é uma jornada cheia de adaptação, inovação e resiliência. Desde os primeiros hominídeos que caminharam pela África até os cientistas que moldam nosso mundo hoje, os seres humanos têm enfrentado desafios e descoberto outras maneiras de sobreviver e prosperar. Nossa capacidade de aprender, criar e colaborar é uma das características mais notáveis da nossa espécie e será fundamental para enfrentarmos os obstáculos que o futuro nos reserva.

UM OÁSIS CÓSMICO

A Terra, nosso lar celestial, dança graciosamente no teatro cósmico, uma esfera de beleza e complexidade inigualável que nos proporciona abrigo e sustento em meio à imensidão do universo. Esse jardim paradisíaco, um Éden singular entre os astros do sistema solar, celebra a vida em todas as suas formas, permitindo que ela floresça e evolua com esplendor e harmonia.

Aninhada na "zona habitável", nossa morada repousa na distância ideal do Sol, proporcionando a presença da água líquida, que serpenteia pelos rios e oceanos, o elixir vital para a existência como a conhecemos. A atmosfera terrena, enriquecida por nitrogênio e oxigênio, nos protege dos raios solares ardentes e regula o clima, mantendo temperaturas adequadas à sobrevivência das inúmeras espécies que compartilham conosco esse lar.

Nas entranhas do planeta, um núcleo de ferro líquido pulsa vigorosamente, gerando um campo magnético que defende a Terra dos ventos solares e das partículas cósmicas carregadas. Esse escudo invisível, qual manto protetor, preserva nossa atmosfera e nos resguarda das tempestades solares e de outros fenômenos espaciais ameaçadores.

Um mosaico de maravilhas se revela na diversidade e complexidade dos ecossistemas terrestres. Desde os desertos áridos aos recifes de coral exuberantes, das florestas tropicais úmidas às tundras congeladas, nosso mundo acolhe uma miríade de habitats e uma biodiversidade sem paralelo. Essa riqueza biológica, fruto de bilhões de anos de evolução, adaptação e interação entre as espécies e seus ambientes, é um testemunho da resiliência e versatilidade da vida na Terra.

Enquanto isso, outros planetas do nosso sistema solar exibem condições extremas e inóspitas à vida, em marcante contraste com nosso lar. Marte, com sua atmosfera rarefeita e rica em dióxido de carbono, temperaturas gélidas e ausência de água líquida na superfície, é um exemplo de um mundo que desafia a vida tal como a entendemos. Vênus, nosso vizinho mais próximo em tamanho e distância, apresenta uma atmosfera densa e asfixiante, com pressões e temperaturas capazes de derreter chumbo.

Nesse cenário, a Terra resplandece como um oásis cósmico, um refúgio planetário sereno onde, em teoria, os seres humanos poderiam viver eternamente. No entanto, a natureza inquieta, curiosa e exploradora da humanidade nos impele a olhar além do nosso lar celeste em busca de novos horizontes e possibilidades. Tal qual um oásis que, embora deslumbrante, não oferece recursos infinitos, a Terra não poderá sustentar a vida para sempre.

Na tapeçaria cósmica, a humanidade dança ao ritmo do tempo, tecendo sonhos de exploração e transcendência. Nosso espírito pioneiro e resiliente nos convida a abraçar os mistérios além das fronteiras terrestres, pois nossa essência é forjada na fagulha da curiosidade e na chama da aventura. Tal qual um oásis, a Terra nos brinda com sua beleza e recursos; contudo, como um manancial finito, não poderá sustentar a vida eternamente.

Caminhamos de mãos dadas com o firmamento, pois a busca do desconhecido é o chamado de nossa alma, um eco de nossa herança evolutiva. Nosso destino, traçado pelas estrelas, anseia por novos desafios e oportunidades, levando-nos a desbravar a imensidão do espaço, onde estabeleceremos colônias, aprenderemos com culturas cósmicas e nos deleitaremos com a sinfonia da diversidade universal.

Com cada passo dado rumo ao horizonte interestelar, a humanidade despertará mais o potencial infinito de nosso legado, e como jovens rebeldes, com mochilas às costas, desvelaremos as estradas cósmicas e conectaremos mundos distantes. O espaço, nossa próxima fronteira, não é mera ilusão, mas uma realidade que se desdobra à medida que a tecnologia avança e a ciência nos impulsiona em direção ao êxtase da descoberta.

Nosso futuro, entrelaçado com as estrelas, é uma sinfonia de possibilidades. A Exploração Espacial nos ensinará a dançar com o desconhecido, a nos adaptar e evoluir diante dos desafios e a nos nutrir dos recursos além da Terra. Assim, sem mais dúvidas, o espaço tornar-se-á nossa próxima fronteira, um palco onde a humanidade desabrochará em toda sua plenitude e majestade, cantando a canção da vida que ecoa pelos vastos domínios do cosmos.

O ESPAÇO: A PRÓXIMA FRONTEIRA

Desde os primórdios de nossa história, quando nossos ancestrais desceram das copas das árvores e se aventuraram nas planícies africanas, a humanidade tem sido impelida por uma força irresistível, uma sede insaciável de explorar novas fronteiras. Nesse poema épico da existência, somos os viajantes solitários, tecendo o fio dourado de nossa história e entrelaçando-o com a tapeçaria do tempo.

Nossos antepassados, em sua sabedoria instintiva, foram guiados pelo sussurro dos ventos e pela dança das estrelas, pois compreendiam que a vastidão do mundo era um convite à aventura e à descoberta. Assim, lançaram-se destemidamente em jornadas épicas, deixando para trás a segurança de suas origens e cruzando continentes, montanhas e oceanos em busca de novas paisagens e experiências.

Os éons passaram, e nossa espécie, como uma onda incessante, se espalhou pelos confins do mundo. Cada passo dado em terreno desconhecido revelava um novo horizonte, uma nova fronteira a ser desbravada. Com coragem e determinação, os primeiros exploradores enfrentaram as adversidades e descobriram as maravilhas ocultas em cada canto do nosso planeta.

No seio dessas montanhas majestosas, que se erguem como gigantes adormecidos, nossos ancestrais encontraram um desafio que os impulsionou a escalar os píncaros mais altos. Confrontados com a imensidão e a inóspita beleza desses monumentos naturais, os exploradores aprenderam a respeitar e a conviver com as forças que moldam nosso mundo.

Em nossa busca por novas fronteiras, também nos aventuramos aos extremos gelados da Terra, onde o branco puro da neve e o azul profundo dos icebergs se unem em um abraço eterno. Os corajosos exploradores que se aventuraram nos polos enfrentaram os rigores do frio e da solidão, encontrando naqueles lugares remotos a essência da força e da resiliência humana.

O vasto e misterioso oceano, berço da vida, também tem sido palco de nossas explorações. Por eras, navegamos pelos mares em busca de novos territórios, enfrentando tempestades e monstros lendários. Quando a superfície já não mais saciava nossa curiosidade, mergulhamos nas profundezas abissais, onde seres luminescentes e criaturas fantásticas nos revelaram um mundo oculto sob as ondas.

Por fim, nossa inquietação nos levou aos céus, onde domamos as correntes de ar e aprendemos a voar como os pássaros. Com engenhosidade e coragem, criamos máquinas voadoras que nos permitiram desafiar a gravidade e conquistar o espaço aéreo. Nossos aviões cruzam os céus, unindo continentes e povos, mostrando-nos que não há limites para o que podemos alcançar.

Nesse épico da exploração humana, somos os heróis e os poetas, os sonhadores e os inovadores. Nós, que nos aventuramos em terras desconhecidas, temos inscrito nossas histórias nas páginas do tempo, tecendo um legado duradouro e memorável para as gerações vindouras.

Em cada passo dado rumo ao desconhecido, descobrimos não apenas novas paisagens, mas também algo dentro de nós mesmos, um desejo ardente de transcender nossas limitações e alcançar o que antes parecia impossível. Essa chama interior, que arde com a intensidade de mil sóis, nos guia por eras e nos inspira a superar os obstáculos em nosso caminho.

Como uma sinfonia celestial, a música da exploração humana ecoa, ao longo do tempo e do espaço, cada nota tocada por aqueles que ousaram desafiar o desconhecido. À medida que nos aventuramos cada vez mais longe, aprendemos a apreciar a beleza e a fragilidade de nosso lar, esse pequeno ponto azul suspenso no vazio cósmico.

Nosso planeta é um caleidoscópio de cores e formas, um tesouro repleto de maravilhas e mistérios que ainda aguardam nossa descoberta, pois, embora tenhamos explorado muitas de suas fronteiras, há sempre algo novo e surpreendente aguardando para ser revelado.

Que nunca esqueçamos a paixão e a coragem de nossos antepassados, que trilharam os caminhos que agora seguimos! Que nossos passos sirvam de inspiração para aqueles que ainda estão por vir, pois somos os guardiões deste legado, os herdeiros dessa herança de exploração e descoberta.

Nossa jornada como exploradores da Terra nos trouxe até aqui, e, embora o espaço seja a próxima fronteira a ser desbravada, celebremos o que conquistamos até agora. Honremos a memória dos que vieram antes de nós e compartilhemos suas histórias, para que as futuras gerações possam se inspirar em nosso legado e continuar nossa epopeia cósmica.

Nesse épico da exploração humana, somos os protagonistas de um conto imortal, uma história de coragem, determinação e paixão que ecoará por eras. Que possamos, à medida que continuamos a desbravar as fronteiras do nosso mundo, sempre lembrar a conexão profunda e indelével que nos une a esse lar que chamamos de Terra.

O SUCESSO NA EXPLORAÇÃO

A saga da humanidade é entrelaçada com a busca incansável por novos territórios e horizontes desconhecidos. Desde os primeiros passos vacilantes de nossos antepassados que deixaram a África até as intrépidas viagens transoceânicas que revelaram continentes escondidos, nosso ímpeto para explorar sempre foi a força vital de nossa existência. Neste tópico, examinaremos como, paradoxalmente, a natureza exploradora inerente à humanidade levou a um sentimento de insatisfação e melancolia, já que o planeta Terra parece não ter mais muitos lugares a serem descobertos. Nesse contexto, propomos que a única fronteira ainda inexplorada é o Espaço Sideral e que esse desejo indomável de desbravar o desconhecido nos impulsionará em direção a essa próxima jornada: a conquista do cosmos.

Ao longo da história, os seres humanos mostraram uma habilidade notável de se adaptar e prosperar em ambientes diversos e desafiadores. Desertos escaldantes, montanhas imponentes, florestas tropicais densas, tundras gélidas e, até mesmo, os polos inóspitos já foram explorados, colonizados e entrelaçados no tecido do mundo globalizado. Essa capacidade permitiu que nossa espécie se espalhasse por todo o globo, construindo um emaranhado complexo de culturas, civilizações e conexões.

Entretanto, esse sucesso na exploração trouxe consigo uma consequência inesperada: a sensação de que já não há mais lugares para descobrir na Terra. A cartografia moderna, a tecnologia de satélites e os sistemas de geolocalização revelaram nosso planeta em detalhes íntimos, deixando pouco espaço para a aventura e a descoberta. Muitos exploradores, cientistas e aventureiros sentem-se frustrados por essa percepção de que já não há mais fronteiras terrestres a serem conquistadas.

É nesse cenário que o espaço se apresenta como a última, e talvez a mais fascinante, fronteira a ser explorada pela humanidade. O universo é vasto, misterioso e repleto de possibilidades, oferecendo uma infinidade de oportunidades para a exploração científica, a inovação tecnológica e a descoberta de novos mundos. O espaço é a promessa de um novo começo, um desafio que alimenta nossa imaginação e revive o espírito explorador que caracteriza nossa espécie.

A conquista do espaço não será uma tarefa fácil, pois envolve desafios técnicos, políticos, econômicos e éticos sem precedentes. No entanto, é justamente essa complexidade que torna a Exploração Espacial tão atraente e instigante. Ao abraçar o desafio de explorar o cosmos, a humanidade pode redescobrir seu potencial para a cooperação, a criatividade e a resiliência, enquanto busca entender e se integrar a um universo maior do que nosso próprio planeta.

Além disso, a exploração do espaço pode nos proporcionar valiosas lições sobre como viver de maneira mais sustentável e harmoniosa com o ambiente e com os outros seres vivos que compartilham nosso planeta. Ao enfrentarmos os desafios inerentes à vida no espaço, seremos forçados a repensar nossos sistemas de energia, recursos e tecnologia, o que pode levar a soluções inovadoras e sustentáveis que beneficiem não apenas a Exploração Espacial, mas também a vida na Terra.

Ademais, a busca pelo desconhecido no cosmos pode servir como um catalisador para a união dos povos e nações em um objetivo comum, transcendendo fronteiras políticas, culturais e geográficas. Nesse sentido, a Exploração Espacial tem o potencial de inspirar uma nova era de cooperação e entendimento entre os diferentes povos da Terra, à medida que nos unimos para enfrentar os desafios e as oportunidades que o espaço tem a oferecer.

Em conclusão, o sucesso da humanidade na exploração da Terra gerou uma inquietação e um desejo por novas fronteiras. O espaço, como a última fronteira ainda por explorar, oferece uma oportunidade única para saciar essa sede de descoberta e aventura. Ao abraçar a Exploração Espacial, podemos reacender o espírito explorador que nos define como espécie, ao mesmo tempo que aprendemos lições valiosas sobre cooperação, sustentabilidade e nosso lugar no universo. A conquista do espaço é, sem dúvida, a próxima grande aventura da humanidade, e está em nossas mãos determinar como essa história se desenrolará.

Com olhos postos nas estrelas, nosso destino se revela entre os mistérios cósmicos, e nossos corações pulsantes clamam pelo próximo passo da jornada humana. Que nossos sonhos de exploração e transcendência encontrem eco na imensidão do espaço, levando-nos a alcançar novos patamares de compreensão e conexão com o vasto e misterioso universo que nos rodeia! Assim, com a graça da poesia e o vigor da ciência, marcharemos em direção ao infinito, guiados pela chama eterna da curiosidade e da descoberta.

SAINDO DO BERÇO E ABRAÇANDO O FUTURO

Ao longo destes dois capítulos, contemplamos a Terra como o berço da humanidade e a base de nossa evolução como espécie. No entanto, é essencial reconhecer que, assim como uma criança deve deixar o berço para explorar o mundo à sua volta, a humanidade também deve buscar aventurar-se além das fronteiras do nosso planeta. Esta seção de discussão e conclusão reflete sobre a necessidade de expandirmos nossos horizontes e abraçarmos o futuro, à medida que começamos a dar os primeiros passos tentativos em direção à exploração de novos mundos.

Não podemos negar que a Terra tem sido nossa casa e nosso refúgio por milênios. Entretanto, os desafios ambientais, sociais e econômicos que enfrentamos no século XXI exigem que consideremos seriamente nosso papel no cosmos e a sustentabilidade de nossa presença no planeta. A Exploração Espacial representa uma oportunidade única para a humanidade aprender a viver de maneira mais harmoniosa com o ambiente, desenvolver novas tecnologias e fomentar a cooperação global.

Ademais, a exploração de novos mundos e a eventual colonização de outros corpos celestes podem nos oferecer uma oportunidade de repensar nossa sociedade e criar outras formas de convivência, baseadas em princípios de sustentabilidade, igualdade e respeito mútuo. A necessidade de nos adaptarmos a ambientes extraterrestres pode estimular a inovação e a colaboração entre nações, culturas e disciplinas, levando a avanços científicos e tecnológicos que beneficiem não apenas nossos esforços no espaço, mas também a vida na Terra.

Esse momento de transição, no qual começamos a sair do conforto e segurança do nosso berço terrestre, é crucial para o futuro da humanidade. Como espécie, devemos estar preparados para enfrentar os desafios e as incertezas que nos aguardam além da atmosfera da Terra e abraçar o espírito de exploração que nos trouxe até aqui. Ao fazê-lo, podemos garantir que nossa jornada além do berço seja marcada pela curiosidade, coragem e cooperação, em vez de competição e conflito.

Em suma, a humanidade está à beira de uma nova era de exploração e descoberta. À medida que saímos do berço da Terra e nos aventuramos no cosmos, enfrentamos dificuldades e oportunidades sem precedentes. A Exploração Espacial nos permite repensar nosso lugar no universo e nos desafia a crescer e evoluir como espécie. A escolha de aceitar esse desafio e abraçar o futuro é nossa, e, se tomarmos as decisões corretas, podemos garantir um futuro promissor para a humanidade, tanto na Terra quanto no espaço.

Nesse cenário, uma possível linha do tempo da migração humana para o espaço poderia começar com a colonização de planetas próximos, como Marte, nas próximas décadas, seguida pela exploração de luas de Júpiter e Saturno no próximo século. Conforme a tecnologia avança, a humanidade poderá se aventurar ainda mais longe no espaço, estabelecendo colônias em exoplanetas ao redor de outras estrelas em um futuro mais distante. Ao passo que avançarmos rumo a esse novo horizonte, desenvolveremos tecnologias de propulsão mais rápidas e eficientes, permitindo viagens interestelares em escalas de tempo mais próximas às de uma vida humana.

Nos próximos séculos ou milênios, à medida que a humanidade se espalhar pelo espaço, poderemos encontrar uma variedade de mundos habitáveis, onde estabeleceremos comunidades diversas e autossuficientes. Essas colônias servirão como pontos de apoio para a exploração de sistemas estelares ainda mais distantes, permitindo-nos avançar ainda mais na imensidão do cosmos.

Como um poema épico, a jornada da humanidade pelo espaço será repleta de aventuras, descobertas e desafios. Enfrentaremos obstáculos inesperados e faremos descobertas surpreendentes, à medida que aprendemos a viver e prosperar em ambientes alienígenas. Nesse grandioso empreendimento, devemos nos inspirar na beleza e na poesia do universo que nos rodeia, buscando sempre a harmonia com os mundos que exploramos e as estrelas que nos guiam.

Ao longo dessa jornada cósmica, a humanidade terá a oportunidade de reescrever sua própria história, moldando um futuro mais brilhante e promissor para todas as gerações vindouras. Conforme nos aventuramos pelo espaço, levamos conosco a sabedoria adquirida em nossa

Terra natal e as lições aprendidas com os erros do passado, buscando criar sociedades mais justas, igualitárias e sustentáveis em cada novo mundo que colonizamos.

Assim, como uma sinfonia celestial, a história da humanidade continuará a se desenrolar, com cada nova conquista no espaço servindo como um acorde emocionante em nossa busca eterna pelo conhecimento, crescimento e harmonia. Com coragem, cooperação e amor pela aventura, abraçamos nosso destino no cosmos e marchamos em direção às estrelas, levando conosco a chama da esperança e da humanidade.

A JORNADA ESPACIAL AO LONGO DA HISTÓRIA

Desde o início dos tempos, a humanidade se viu fascinada pelo cosmos infinito que a rodeia. Olhando para o céu estrelado, nossos ancestrais contemplavam a vastidão do universo e se perguntavam quais mistérios e maravilhas estariam escondidos além do firmamento. A história da Exploração Espacial é um épico contínuo, desde a descoberta do fogo até os dias de hoje, com heróis e heroínas dedicando suas vidas a desvendar os segredos do universo e a desbravar o desconhecido.

A descoberta do fogo, um dos primeiros grandes feitos da humanidade, permitiu que nossos ancestrais iluminassem a noite e enfrentassem o frio e a escuridão. Com o fogo, a humanidade afugentava a escuridão e se aproximava um pouco mais das estrelas.

No alvorecer da civilização, a descoberta da pólvora trouxe uma nova luz ao mundo. O fogo, outrora um símbolo de sobrevivência, tornou-se também um símbolo de poder e avanço tecnológico. Com a pólvora, os homens conseguiram controlar as forças explosivas da natureza, utilizando-as para impulsionar projéteis e, mais tarde, foguetes.

Nesse ínterim, Johannes Kepler, um astrônomo alemão, observou atentamente os movimentos celestes e desenvolveu suas leis do movimento planetário, as quais, baseadas na harmonia e na precisão matemática, descreviam como os planetas giravam em torno do Sol. Kepler foi o primeiro a desvendar os segredos do movimento dos astros, abrindo caminho para a compreensão de como as órbitas funcionam e pavimentando o caminho para a Exploração Espacial.

Sir Isaac Newton, um gênio da física e da matemática, ergueu-se sobre os ombros de gigantes e contribuiu ainda mais para o conhecimento da gravidade e do movimento. Newton desenvolveu a lei da gravitação universal, que descreve a atração entre dois corpos e nos permitiu entender a interação entre os objetos no espaço. Sua obra-prima, *Philosophiæ Naturalis Principia Mathematica*, estabeleceu as bases da física clássica e criou um mundo de possibilidades para futuras explorações espaciais.

Pedro Paulet, engenheiro e cientista peruano, é considerado um dos pioneiros da era espacial. Com sua criatividade e engenhosidade, ele desenvolveu o primeiro motor a jato de propulsão líquida, em 1895, uma invenção que mudaria o curso da história. A contribuição de Paulet estabeleceu o alicerce para a tecnologia que eventualmente levaria os humanos ao espaço e além.

Agora, ao final dessa longa jornada de descobertas e conquistas, nos encontramos diante de dois titãs da Exploração Espacial: Sergei Korolev e Wernher von Braun. Esses visionários, com suas mentes brilhantes e paixão inabalável, pavimentaram o caminho para a era espacial moderna, em que a humanidade alcançaria as estrelas e exploraria os confins do nosso sistema solar. Korolev e von Braun, cada um por sua vez, lideraram suas nações na corrida espacial, quebrando fronteiras e estabelecendo novos marcos na história da exploração.

LANÇANDO SONHOS

Três visionários, unidos por seu amor à ciência e sua paixão pela Exploração Espacial, dedicaram suas vidas à busca da compreensão e ao desenvolvimento de foguetes que nos levariam aos confins do espaço. Robert Esnault-Pelterie, Robert Goddard e Hermann Oberth, cada um com sua própria luz, iluminaram o caminho da humanidade rumo ao cosmos.

Esnault-Pelterie, um engenheiro francês nascido sob o céu de Paris, foi um pioneiro da aeronáutica e da astronáutica. Com sua mente criativa e curiosidade insaciável, estudou a arte do voo e compreendeu a necessidade de dominar o espaço. Esnault-Pelterie, como um arquiteto celestial, projetou a fundação dos foguetes modernos, estabelecendo os princípios básicos da propulsão a jato e vislumbrando a viabilidade das viagens interplanetárias.

Em terras americanas, Robert Goddard, um físico e inventor dotado, contemplava o céu noturno e sonhava com o dia em que os humanos poderiam tocar as estrelas. Goddard, um verdadeiro pioneiro do foguete, trabalhou incansavelmente para transformar seu sonho em realidade. Ele desenvolveu o primeiro foguete de combustível líquido, lançando a semente da Exploração Espacial e demonstrando que o espaço era, de fato, um destino alcançável.

Atravessando o Atlântico, Hermann Oberth, um cientista alemão--romeno com espírito inovador, também se dedicava à conquista do espaço. Inspirado pelo romance *Da Terra à Lua*, de Júlio Verne, Oberth se propôs a desvendar os mistérios da propulsão espacial. Ele investigou as leis do movimento e da gravidade e, com sua obra *Die Rakete zu den Planetenräumen*, abriu novos horizontes para a Exploração Espacial, demonstrando a possibilidade de alcançar outros planetas por meio de foguetes de múltiplos estágios.

Como um trio harmonioso de sinfonias cósmicas, Esnault-Pelterie, Goddard e Oberth juntaram suas mentes brilhantes e suas habilidades inventivas para criar a base do que viria a ser a era espacial. Juntos, esses três mestres dos foguetes superaram obstáculos e desafios, enfrentando a incredulidade e a resistência de uma sociedade que ainda não compreendia o potencial de suas invenções.

As contribuições de Esnault-Pelterie, Goddard e Oberth foram cruciais no desenvolvimento da tecnologia de foguetes que nos permitiria explorar o espaço e realizar nossos sonhos mais audaciosos. Como arautos do futuro, eles abriram as portas para a humanidade se aventurar além das fronteiras do nosso planeta e expandir nosso entendimento do universo.

Nesse vasto oceano de estrelas e galáxias, somos navegantes em uma jornada de descoberta e compreensão, impulsionados pelos esforços incansáveis de Esnault-Pelterie, Goddard e Oberth. Eles, como guardiões do conhecimento, nos ensinaram a domar o fogo e utilizá-lo como motor para impulsionar nossas naves espaciais e romper a barreira do nosso mundo terrestre.

Nesse vasto oceano de estrelas e galáxias, somos peregrinos do cosmos, guiados pelas luzes brilhantes de nossos ancestrais e heróis da Exploração Espacial. Com suas mentes inquisitivas e corações indomáveis, eles lançaram as fundações que permitiram que a humanidade se aventurasse no desconhecido, desafiando o próprio tecido do espaço e do tempo.

Graças a Esnault-Pelterie, Goddard e Oberth, somos capazes de olhar para o céu estrelado e vislumbrar um futuro repleto de possibilidades, em que o desconhecido se torna conhecido, e as fronteiras do nosso entendimento são constantemente expandidas. Navegamos por esse imenso mar cósmico, buscando novos horizontes e explorando as maravilhas que se escondem além das estrelas.

No rastro das contribuições desses três pioneiros, a humanidade avança em direção ao espaço, desvendando os mistérios do universo e alcançando feitos que antes eram considerados impossíveis. Com o legado de Esnault-Pelterie, Goddard e Oberth como farol, continuamos a jornada que eles começaram, explorando os confins do espaço e expandindo nosso entendimento do cosmos.

Em homenagem a esses titãs da Exploração Espacial, nos esforçamos para honrar seus feitos e continuar sua busca pelo conhecimento e compreensão. Com a coragem e a determinação de Esnault-Pelterie, a inventividade e a visão de Goddard e a sabedoria e paixão de Oberth, seguimos em frente, alcançando as estrelas e nos aventurando no desconhecido.

Que suas histórias e seus legados inspirem gerações futuras a perseguir seus próprios sonhos e aspirações cósmicas, à medida que continuamos nossa jornada pelo vasto oceano de estrelas e galáxias! Que, como Esnault-Pelterie, Goddard e Oberth, possamos também deixar nossa marca no universo, desbravando novos caminhos e desvendando os segredos do cosmos.

ASCENSÃO CÓSMICA

No vasto palco do espaço, onde as estrelas dançam em harmonia cósmica, e os planetas giram em torno de seus sóis ao som da força gravitacional, dois titãs da Exploração Espacial emergiram suas façanhas entrelaçadas como os fios de uma tapeçaria estelar: Wernher von Braun e Sergei Korolev. Esses dois visionários, separados por fronteiras e ideologias, unidos pela paixão pelo desconhecido e pela busca da glória cósmica, lançaram a humanidade em uma jornada épica além do nosso pequeno planeta azul.

Wernher von Braun, filho da aristocracia alemã, mostrou desde cedo uma profunda curiosidade pelos mistérios do espaço e uma mente afiada como uma lâmina. Aos poucos, ele foi moldando sua trajetória, forjando um caminho marcado pela ciência, pela engenhosidade e pelo poder da inovação. Enquanto a Segunda Guerra Mundial se desenrolava, von Braun liderou o desenvolvimento do foguete V-2, uma arma de destruição que, paradoxalmente, pavimentaria o caminho para a exploração pacífica do espaço.

Após o fim da guerra, von Braun cruzou o oceano e se estabeleceu nos Estados Unidos, onde seus conhecimentos e suas habilidades foram rapidamente colocados a serviço da nascente corrida espacial. Como um arquiteto celestial, ele projetou o poderoso foguete Saturn V, a coluna vertebral do programa Apollo que, em 1969, levaria os primeiros humanos à Lua. Com o olhar fixo no firmamento, von Braun sonhava em expandir os horizontes da humanidade e nos aproximar das estrelas.

Do outro lado do mundo, Sergei Korolev, um engenheiro ucraniano de origem humilde, enfrentava desafios e adversidades que apenas fortaleceriam sua determinação e paixão pelo espaço. Após anos de prisão no Gulag soviético, ele emergiu com uma vontade inabalável de superar as barreiras terrestres e tocar o infinito. Korolev, como um titã das estrelas, liderou o programa espacial soviético e se tornou o arquiteto das primeiras missões espaciais bem-sucedidas.

Sob sua direção e liderança, a União Soviética enviou o Sputnik, o primeiro satélite artificial, aos céus e, em 1961, lançou Yuri Gagarin em uma jornada histórica que o consagraria como o primeiro humano a orbitar a Terra. Korolev, em sua busca incansável pelo conhecimento e pela conquista do espaço, tornou-se uma figura lendária, conhecida como "O Chefe Designer", cuja verdadeira identidade só seria revelada após sua morte.

Esses dois homens, Wernher von Braun e Sergei Korolev, navegaram pelas correntezas turbulentas da história, enfrentando guerras, adversidades e desafios inimagináveis. No entanto, eles nunca perderam de vista o sonho comum de alcançar as estrelas e desvendar os mistérios do universo. Juntos, como dois faróis brilhantes no céu noturno, von Braun e Korolev iluminaram o caminho para a era espacial, lançando a humanidade em uma jornada de descobertas e inovações sem precedentes. Suas façanhas, embora separadas por fronteiras e ideologias, refletem a unidade do espírito humano e a inextinguível sede de conhecimento e exploração.

Wernher von Braun e Sergei Korolev, como dois titãs do espaço, enfrentaram as forças da natureza, dominaram a gravidade e tocaram o coração do cosmos. Eles sonharam com um futuro em que a humanidade se aventuraria além das fronteiras do nosso planeta, explorando novos mundos e alcançando o inatingível.

Von Braun, com sua mente brilhante e determinação indomável, impulsionou a humanidade a pisar na Lua e vislumbrou a conquista de Marte e além. Korolev, com sua paixão incansável e criatividade inovadora, liderou a União Soviética em um ato de ousadia, lançando a corrida espacial e provando que o espaço estava ao alcance da humanidade.

Juntos, escreveram um capítulo da história, entrelaçado como uma sinfonia cósmica, com suas notas de triunfo e tragédia, de coragem e perseverança. Suas histórias são um testemunho do poder da imaginação humana e da nossa capacidade de superar obstáculos e alcançar as estrelas. Eles foram os arquitetos da Exploração Espacial, os titãs que desafiaram o impossível e nos mostraram que o universo estava ao nosso alcance.

SUPERPOTÊNCIAS EM ÓRBITA

Em uma era de tensões e rivalidades, em que duas superpotências se ergueram, imponentes, como gigantes em uma terra dividida, um desafio foi lançado aos céus. Uma corrida espacial se desenrolava, uma disputa de glórias e conquistas, em que a Terra se tornava um mero prólogo para a história cósmica prestes a ser escrita.

O Oriente e o Ocidente, como dois titãs entrelaçados em um abraço de ferro, travaram uma batalha silenciosa pelo domínio do firmamento. A rivalidade ideológica inflamava as mentes e os corações, mas, paradoxalmente, gerava uma chama de progresso e inovação que impulsionava a exploração do espaço a novas alturas.

No horizonte, uma esfera prateada cruzou o limiar do desconhecido: o Sputnik, filho do Oriente, anunciava a entrada da humanidade na arena cósmica. O clarim da conquista espacial soava alto e claro, e os corações do Ocidente pulsavam com a determinação de responder ao desafio.

As nações olhavam para o alto, enquanto foguetes se erguiam como flechas em direção ao céu. A Lua, antes uma musa distante dos poetas e sonhadores, tornou-se o alvo de um anseio ardente, uma promessa de glória e triunfo a ser alcançada.

A rivalidade entre os dois titãs, como um vento cósmico, varria a Terra, espalhando a determinação e a coragem de explorar o desconhecido. O espaço, antes um vazio inalcançável, tornou-se um campo de batalha silencioso em que a humanidade buscava suas mais altas aspirações e seus mais profundos anseios.

Assim, as superpotências, como duas estrelas orbitando em um balé celeste, lançaram-se à conquista do espaço, desafiando os limites da gravidade e do tempo. A rivalidade alimentou a chama da inovação e do progresso, levando a humanidade a dar seus primeiros passos além do lar terrestre.

Nesse fervor de paixão e ambição, os homens e as mulheres que buscavam tocar o infinito encontraram um propósito comum, uma causa que transcendeu as fronteiras e as ideologias. A corrida espacial, fruto da rivalidade entre as superpotências, tornou-se, paradoxalmente, um catalisador para a união e a cooperação.

A conquista do espaço, nascida da tensão e do desafio, serviu para revelar a verdadeira natureza da humanidade: uma espécie destinada a explorar, a sonhar e a transcender os limites do conhecido. A rivalidade entre Oriente e Ocidente, embora dividindo o mundo, impulsionou a humanidade a novos patamares de descoberta e compreensão.

No final, a corrida espacial e a rivalidade entre as superpotências serviram como um farol para a exploração do cosmos. Embora forjada no fogo das tensões terrestres, essa busca pelo desconhecido revelou a beleza do espírito humano, a coragem de enfrentar o impossível e a determinação de alcançar as estrelas. Assim, nesse vasto oceano cósmico, a humanidade encontrou um propósito comum, uma paixão compartilhada que transcendeu as barreiras da Terra e nos uniu em nossa busca pelo conhecimento e pela exploração.

A corrida espacial nos mostrou que, mesmo diante das adversidades e divisões, somos capazes de nos unir em nosso anseio por conhecimento e nossa busca pelo desconhecido. Que o legado dessa rivalidade ideológica e das façanhas da corrida espacial sirva como um lembrete do potencial que a humanidade possui quando trabalhamos juntos em direção a um objetivo comum! Que as estrelas continuem a inspirar nosso espírito de exploração e nos guiar em nossa jornada pelo cosmos, enquanto seguimos em direção ao desconhecido e além!

A SAGA DOS EXPLORADORES CELESTES

Caro leitor(a), permita-me lhe mostrar uma tapeçaria de sonhos e conquistas, em que as primeiras missões aos planetas distantes e às estrelas brilhantes foram marcos gloriosos na história da Exploração Espacial. Tais missões, que tiveram início na década de 1970, revelaram os segredos dos planetas além de Marte e expandiram significativamente nossa compreensão do vasto universo que nos cerca.

A nave espacial Pioneer 10, lançada em 1972 pela NASA, desbravou os céus e desafiou o desconhecido. Ao sobrevoar Júpiter, em dezembro de 1973, presenteou a humanidade com as primeiras imagens em close do maior planeta do sistema solar. A Pioneer 11, lançada em 1973, seguiu seus passos, explorando Júpiter e Saturno, junto às suas luas, revelando imagens e dados sobre esses planetas e suas intrigantes atmosferas.

Como bailarinas cósmicas, as sondas Voyager 1 e Voyager 2, lançadas em 1977, dançaram em torno de Júpiter, Saturno, Urano e Netuno, capturando imagens e dados de cada um desses planetas. Elas também registraram imagens de seus satélites e dos anéis planetários, além de medir as características atmosféricas dos planetas.

A missão Cassini-Huygens, lançada em 1997, foi um farol de luz na escuridão do espaço. A sonda Cassini orbitou Saturno por 13 longos anos, estudando o planeta e suas luas, incluindo Titã, com sua atmosfera densa e rios de hidrocarbonetos líquidos serpenteados em sua superfície. A sonda Huygens mergulhou em Titã, enviando imagens e dados sobre a superfície da misteriosa lua.

Além das missões aos planetas exteriores, a curiosidade humana levou-nos a estudar as estrelas próximas e suas características. A sonda Helios, lançada em 1974, analisou o vento solar e a magnetosfera do Sol, desvendando informações valiosas sobre a atividade solar e sua influência no clima terrestre. A missão Hubble, lançada em 1990, um olho celestial em órbita da Terra, presenteou-nos com imagens incríveis do Espaço Sideral, incluindo galáxias distantes, nebulosas e aglomerados de estrelas.

Essas primeiras missões aos planetas exteriores e às estrelas foram cruciais para nosso entendimento do universo e da nossa posição nele. Enquanto traçamos nosso caminho pela vastidão cósmica, somos inspirados pelas proezas daqueles que vieram antes de nós, e seus legados perduram como um lembrete do potencial infinito da humanidade.

Nós seguiremos em frente, navegando na vastidão do espaço, guiados pelas estrelas brilhantes que pontilham o firmamento. Com a esperança no coração, buscaremos cada vez mais desvendar os segredos do cosmos, mergulhando nas profundezas do universo desconhecido. Com coragem e determinação, nos conectaremos às estrelas e nos uniremos como uma só humanidade, explorando juntos os confins do espaço e do tempo. À medida que avançamos, descobriremos novos mundos e sondando os mistérios cósmicos.

Nesse grande balé cósmico, os planetas e as estrelas dançam em harmonia, guiando nossos olhos e corações em direção ao desconhecido. Como a Terra gira em sua órbita, unimos nossas mentes e sonhos, almejando alcançar o inalcançável, desvendar os segredos do universo e nos conectar com as estrelas. Somos criaturas feitas de poeira estelar, com o coração pulsante e a mente curiosa, sempre em busca de novos horizontes e aventuras cósmicas. É essa busca incessante pelo conhecimento e pela compreensão que nos une e nos impulsiona em direção ao futuro, um futuro repleto de maravilhas inimagináveis e descobertas além dos limites do nosso pequeno planeta azul.

A DANÇA DAS CONSTELAÇÕES: O PANORAMA ATUAL DA EXPLORAÇÃO ESPACIAL

Em tempos idos, a conquista do espaço celeste era a ambição das nações mais poderosas, uma corrida entre gigantes que vislumbravam a vastidão estrelar como palco de supremacia e glória. Naquele cenário, o universo se revelava como a última fronteira, um horizonte a ser cruzado pelas águias da geopolítica, empenhadas em alcançar os confins do cosmos e dominar o firmamento.

Entretanto, o panorama da Exploração Espacial foi metamorfoseado, e hoje outras forças emergem na busca por desbravar a imensidão estelar. Empresas privadas e visionários bilionários, com olhos repletos de cobiça e sonhos, lideram a jornada além da atmosfera terrestre. Suas naves alçam voo rumo ao desconhecido, movidas pelo desejo de progresso e pelo brilho do lucro.

Essa transição traz consigo novas esperanças e possibilidades, ao mesmo tempo que levanta inquietantes indagações. A dança das constelações agora parece ter como maestro o capital, e a exploração do espaço torna-se uma sinfonia de ambição e investimento. Nessa nova era, os céus se tornam palco para a criatividade e inovação, em que empresas audaciosas projetam sonhos de colônias espaciais e viagens interplanetárias.

Entretanto, é imperativo que ponderemos sobre o legado dessa mudança e seu impacto na humanidade. Enquanto navegamos nas águas turbulentas da privatização do espaço, é crucial que não nos percamos em nossas ambições e esqueçamos as responsabilidades que recaem sobre nossos ombros. A Exploração Espacial deve ser um empreendimento em prol de todos, sem que os interesses de poucos obscureçam o caminho para o progresso comum.

Ademais, o Espaço Sideral, esse vasto palco cósmico, deve ser abordado com reverência e respeito, pois, ao adentrá-lo, passamos a ser parte do infinito. Somos, então, convidados a contemplar nossa condição humana e perceber que, mesmo diante das mais poderosas fortunas, somos todos habitantes de uma pequena nave azul que cruza o universo.

Que a futura exploração do espaço seja guiada pela sabedoria, pelo respeito e pela cooperação entre nações, empresas e indivíduos! Que nossos passos na imensidão celeste sejam marcados pelo espírito de solidariedade e fraternidade, pois apenas assim poderemos enfrentar os desafios que nos aguardam no grande teatro cósmico e construir um destino verdadeiramente digno para toda a humanidade.

O CÉU QUE NOS ESPERA

Embora o espírito explorador da humanidade nos tenha levado a desvendar os cantos mais inóspitos da Terra, desde os picos mais altos das montanhas até as profundezas abissais dos oceanos, nossa jornada está longe de terminar. A vastidão do espaço e o apelo do desconhecido nos convidam a embarcar em um novo capítulo na história da nossa exploração, mas é importante lembrar que o céu que nos espera está longe de ser um paraíso.

Ao olharmos para o cosmos, somos confrontados com a dura realidade de que o espaço é um ambiente implacável, hostil e desconhecido, onde as regras que governam a vida na Terra não se aplicam. Para além da atmosfera protetora do nosso planeta, somos expostos a temperaturas extremas, radiação ionizante, microgravidade e o vácuo do espaço, que podem causar danos irreparáveis ao nosso corpo e à nossa mente.

As estradas cósmicas que cruzam o universo são um convite tentador para a humanidade expandir seus horizontes e buscar novas oportunidades, mas também representam um conjunto único de desafios e perigos. Para enfrentar esses obstáculos e garantir nossa sobrevivência e sucesso na fronteira espacial, precisamos desenvolver novas tecnologias, adaptar nossos corpos e mentes e repensar a maneira como vivemos e trabalhamos juntos.

Conforme nos preparamos para explorar o espaço e buscar novas possibilidades além do nosso planeta natal, é crucial enfrentarmos os empecilhos físicos e mentais que a vida no espaço impõe. O próximo capítulo, "Desafios físicos e mentais da vida no espaço", mergulhará profundamente nessas questões e apresentará as adaptações e inovações necessárias para garantir o sucesso da humanidade na próxima fronteira.

O espaço pode não ser um paraíso, mas as inúmeras oportunidades e conhecimentos que ele oferece nos inspiram a superar os obstáculos e as adversidades. A Exploração Espacial é uma expressão do desejo inato da humanidade de ultrapassar limites e transcender as barreiras que nos separam do resto do cosmos. Assim, com coragem, perseverança e cooperação, abraçaremos o céu que nos espera e deixaremos nossa marca indelével no vasto oceano estelar.

OS DESAFIOS FÍSICOS E MENTAIS DA VIDA NO ESPAÇO

As estradas cósmicas estendem-se diante de nós, sedutoras e encantadoras, evocando a fascinação de viajar pelo espaço e desvendar os segredos ocultos do universo. A ideia de cruzar as fronteiras celestiais e explorar as maravilhas que habitam as estrelas cativa nossa imaginação e nutre nossos sonhos mais ousados. No entanto, antes de embarcarmos nessa empolgante jornada, não podemos negligenciar os desafios físicos e mentais que devem ser enfrentados e superados para ter sucesso em nossas aventuras no Espaço Sideral.

Na atualidade, um dos mais significativos é a sensação de falta de gravidade no espaço. A gravidade é um dos principais fatores que influenciam o desenvolvimento e a manutenção da saúde do corpo humano. Na ausência dela, o corpo humano começa a passar por mudanças consideráveis que afetam quase todos os sistemas do corpo.

Uma das mudanças mais notáveis que ocorrem no corpo humano, durante a sensação de falta de gravidade, é a perda de densidade óssea. Quando estamos na Terra, nossos ossos estão constantemente sob estresse, devido à gravidade. Esse estresse ajuda a manter a densidade óssea, o que significa que os ossos são mais fortes e menos propensos a fraturas. No entanto, quando os astronautas são expostos à sensação de falta de gravidade, seus ossos começam a perder densidade rapidamente, o que pode levar a osteoporose e outras complicações ósseas.

Outra mudança que ocorre no corpo humano durante a falta de gravidade é a fraqueza muscular. Quando estamos na Terra, nossos músculos estão constantemente sob tensão para manter nossa posição em relação à gravidade. No entanto, no espaço, essa tensão desaparece, o que leva à perda de massa muscular. Os astronautas precisam realizar exercícios especiais para manter a força muscular e evitar atrofia muscular durante seu tempo no espaço.

Além disso, a sensação de falta de gravidade no espaço também pode afetar a visão. A pressão intraocular dos astronautas pode aumentar no espaço, o que pode levar a alterações na visão, incluindo mudanças na forma da retina, espessamento do disco óptico e outros problemas oculares. Embora essas alterações geralmente sejam reversíveis após o retorno à Terra, ainda é uma preocupação significativa para quem passa longos períodos no espaço.

A ausência de gravidade no espaço apresenta-se como um dos principais obstáculos que os astronautas precisam enfrentar durante suas jornadas cósmicas. Efeitos, como redução da densidade óssea, enfraquecimento muscular e alterações na visão, constituem apenas uma fração das transformações que o corpo humano experimenta na ausência da força gravitacional. Contudo, munidos de treinamento apropriado e amparados por tecnologias avançadas, os astronautas têm a capacidade de superar tais desafios e cumprir missões exploratórias espaciais bem-sucedidas. Antes de trilharmos as estradas cósmicas em um futuro próximo, precisamos encarar e vencer tais adversidades, garantindo assim nossa capacidade de explorar e prosperar no vasto cosmos.

TREINAMENTO FÍSICO E MENTAL PARA ASTRONAUTAS

Para explorar o espaço de forma segura e eficaz, é necessário que os astronautas estejam em sua melhor forma física e mental. A preparação para o espaço é uma tarefa árdua, desafiadora, e requer treinamento físico e mental intensivo para garantir o enfrentamento das demandas do ambiente espacial.

O treinamento físico é uma das partes mais críticas da preparação para a ida ao espaço. Os astronautas precisam estar em excelente forma física para suportar as forças extremas a que serão submetidos durante o lançamento e a reentrada da nave espacial; além disso, devem ser capazes de realizar tarefas complexas e exigentes no espaço. O treinamento de corrida e ciclismo é fundamental para manter a força e a resistência, já o de levantamento de peso é importante para manter a massa muscular e a densidade óssea.

Outro aspecto crítico do treinamento físico dos astronautas é a simulação de gravidade zero. A falta de gravidade no espaço pode ter efeitos adversos no corpo humano, incluindo perda de densidade óssea e fraqueza muscular. Para evitar esses efeitos adversos, os astronautas são submetidos a um treinamento em um ambiente de simulação de gravidade zero, que simula a ausência de gravidade no espaço, permitindo que eles se acostumem a trabalhar e viver em um ambiente assim.

O treinamento mental é outro aspecto crítico da preparação para a ida ao espaço. Os astronautas enfrentam desafios emocionais e psicológicos únicos durante sua estadia no espaço, incluindo a solidão, o confinamento e o estresse. Para lidar com isso, eles recebem treinamento psicológico especializado, que inclui técnicas de gerenciamento de estresse, estratégias para lidar com a solidão e o isolamento, além de outras habilidades para manter a saúde mental e o bem-estar durante a missão espacial.

Os astronautas também são treinados em habilidades específicas relacionadas à missão, incluindo técnicas de pilotagem, manutenção e reparo de equipamentos, além de outras habilidades essenciais para a realização de tarefas complexas no espaço.

Em síntese, a capacitação de um astronauta para o espaço é um processo intrincado e repleto de desafios, que demanda intenso treinamento físico e mental. Resistência, simulações de gravidade zero e preparação psicológica compõem algumas das técnicas cruciais ministradas durante sua formação para aventuras espaciais. Com treinamento apropriado e colaboração eficiente em equipe, os astronautas se mostram aptos a enfrentar os obstáculos do espaço e executar missões de Exploração Espacial exitosas.

No entanto, é fundamental que a humanidade esteja preparada para lidar com esses problemas em larga escala se almejamos empreender uma Exploração Espacial em massa no futuro. À medida que avançamos nessa direção, aprimorar os métodos de treinamento e desenvolver soluções inovadoras para enfrentar os desafios físicos e mentais torna-se uma prioridade. Assim, estaremos prontos para trilhar as estradas cósmicas e expandir nossa presença além da Terra, explorando e prosperando no vasto universo que nos aguarda.

ALIMENTAÇÃO NO ESPAÇO

Uma alimentação adequada é fundamental para manter a saúde e o bem-estar, tanto aqui na Terra quanto durante uma viagem pelo Espaço Sideral. A vida no espaço é um desafio físico e mental, e os astronautas precisam de uma dieta adequada para garantir energia suficiente para realizar tarefas complexas e enfrentar as demandas da missão espacial.

Neste texto, discutiremos como eles obtêm nutrição adequada no espaço, incluindo o uso de alimentos liofilizados, suplementos vitamínicos e outros recursos alimentares.

Uma das principais preocupações com a alimentação no espaço é o espaço limitado para armazenar alimentos, por isso é preciso que os alimentos sejam leves e compactos, mas ainda assim nutritivos. Para atender a esses requisitos, os alimentos liofilizados são frequentemente usados na alimentação dos astronautas. Eles são desidratados, e suas embalagens são leves, o que os torna fáceis de armazenar e transportar. Quando chega a hora de comer, são reidratados e aquecidos antes de serem consumidos.

Outro desafio na alimentação no espaço é a necessidade de uma variedade adequada de nutrientes. Os astronautas precisam de uma dieta equilibrada, que inclua proteínas, carboidratos, gorduras, vitaminas e minerais. No entanto, devido à falta de gravidade no espaço, a digestão dos alimentos pode ser afetada, assim como a absorção de nutrientes. Para compensar essa perda, são usados suplementos vitamínicos e minerais, para garantir os nutrientes necessários à saúde e ao bem-estar.

Além disso, a alimentação no espaço deve ser projetada para evitar o desperdício de alimentos. Como os astronautas estão em uma missão de longa duração, o desperdício pode ser um problema significativo. Para evitá-lo, os astronautas são instruídos a comer apenas a quantidade necessária de alimentos e evitar jogar fora os que possam ser usados em outra refeição.

A alimentação adequada é de extrema importância para garantir a saúde e o bem-estar dos astronautas durante a permanência no espaço. Nesse ambiente desafiador, em que os recursos são limitados, e as condições, diferentes das que temos na Terra, a nutrição precisa ser cuidadosamente planejada e gerenciada.

Para viagens de longa duração, como as interplanetárias e interestelares, esse desafio se multiplica e se torna ainda mais crítico. A alimentação deve ser cuidadosamente planejada para garantir que os futuros viajantes espaciais recebam todos os nutrientes necessários para manter a saúde e o desempenho em níveis ótimos. Além disso, a disponibilidade de suprimentos alimentares precisa ser gerenciada com eficiência, já que não é possível fazer compras no espaço.

Como discutimos ao longo desta seção, os alimentos liofilizados, suplementos vitamínicos e outras técnicas alimentares são usadas para garantir a nutrição adequada dos astronautas no espaço. Essas técnicas podem ser ainda mais importantes em viagens de longa duração, em que o armazenamento e o transporte de alimentos frescos podem ser desafiadores.

PROTEÇÃO CONTRA RADIAÇÃO NO ESPAÇO

No espaço, os astronautas estão expostos a várias formas de radiação, incluindo raios cósmicos, partículas carregadas e raios-X. Essa exposição pode ter efeitos graves em sua saúde, como risco aumentado de câncer, danos ao DNA e outras complicações. Falaremos agora sobre os perigos da exposição à radiação no espaço e sobre as medidas a serem tomadas para proteção.

Os raios cósmicos e as partículas carregadas são uma forma de radiação ionizante que pode penetrar profundamente no corpo humano. Essa exposição pode causar danos no DNA, aumentando o risco de mutações celulares que podem levar ao desenvolvimento de câncer. Além disso, a exposição à radiação no espaço pode afetar o sistema imunológico, tornando-o mais suscetível a doenças e infecções.

Para proteger os astronautas da exposição à radiação no espaço, várias medidas podem ser tomadas. A primeira linha de defesa é a nave espacial em si. Ela é equipada com escudos de proteção que ajudam a minimizar a exposição à radiação. Esses escudos são feitos de materiais, como polietileno, alumínio e titânio, que podem absorver e desviar a radiação.

Além disso, os astronautas usam roupas especiais que ajudam a protegê-los da radiação. Essas roupas são feitas de materiais resistentes à radiação, como Kevlar e Spectra, que podem absorver partículas carregadas e raios-X. Também podem ser revestidas com material de proteção, como chumbo ou tântalo, para aumentar a proteção contra a radiação.

Outra medida importante para a proteção contra a radiação é monitorar a exposição. Os astronautas usam dosímetros pessoais para medir sua exposição à radiação e garantir que não ultrapasse os limites seguros. Se os níveis se tornarem muito altos, os astronautas podem ser retirados da missão espacial para evitar danos à sua saúde.

Essa deve ser uma preocupação especialmente importante para viagens interplanetárias, em que a exposição à radiação pode ser ainda maior do que em órbita baixa da Terra. Além disso, para viagens fora do sistema solar, a exposição à radiação cósmica se torna um desafio ainda maior.

Com a pesquisa contínua e o uso de tecnologias avançadas, os futuros viajantes pelas estradas cósmicas podem enfrentar os desafios da radiação no espaço e realizar missões de exploração interplanetária e interestelar. Novos materiais estão sendo desenvolvidos para criar escudos mais eficientes, e sensores estão sendo projetados para monitorar a exposição à radiação em tempo real. Além disso, há pesquisas em andamento para entender melhor os efeitos da radiação na saúde humana e desenvolver tratamentos mais eficazes para lidar com os danos causados por ela.

A VIDA NUMA ESTAÇÃO ESPACIAL

Viver em uma estação espacial ou em uma nave espacial é, sem dúvida, uma das experiências mais desafiadoras e extraordinárias que um ser humano pode enfrentar. A vida no espaço é drasticamente diferente da vida na Terra e apresenta desafios físicos e psicológicos únicos. Exploraremos como é viver em uma estação espacial ou uma nave espacial, abordando a rotina diária, as condições de vida e trabalho, bem como os problemas psicológicos que os astronautas enfrentam, especialmente em longas viagens pelo Espaço Sideral.

A rotina diária em uma estação espacial ou nave espacial é meticulosamente planejada e organizada. Os astronautas seguem um cronograma rígido, que inclui tempo dedicado a comer, dormir, exercitar-se, realizar tarefas de manutenção e reparo, além de conduzir experimentos científicos e monitorar a nave. Devido à microgravidade, as atividades diárias no espaço são significativamente diferentes das atividades na Terra. Por exemplo, os astronautas flutuam, em vez de caminhar, e precisam usar cintos de segurança ou presilhas para evitar flutuar incontrolavelmente.

As condições de vida e trabalho, em uma estação espacial ou nave espacial, também são muito diferentes da vida na Terra. Esses ambientes são altamente controlados e projetados para fornecer segurança e saúde aos astronautas. A temperatura, a umidade e os níveis de oxigênio são cuidadosamente monitorados e ajustados para garantir o conforto e a segurança dos astronautas. Além disso, eles precisam lidar com a microgravidade, que pode afetar processos corporais, como a digestão e a excreção, e alterar a forma como os fluidos corporais se distribuem.

Além dos desafios físicos, a vida, em uma estação espacial ou nave espacial, apresenta problemas psicológicos únicos, como a solidão, o isolamento e o confinamento. A vida no espaço pode ser solitária, e os astronautas frequentemente precisam lidar com a falta de contato com a família e amigos na Terra. O confinamento e a falta de privacidade também podem ser um problema, é preciso aprender a lidar com essas questões para garantir o bem-estar psicológico.

Para enfrentar esses desafios psicológicos, os astronautas recebem treinamento especializado antes da missão, que inclui técnicas para lidar com a solidão, o estresse e o isolamento, além de estratégias para manter um estado de espírito positivo e equilíbrio emocional durante a missão.

Em viagens pelo Espaço Sideral, especialmente naquelas que duram anos ou décadas, os problemas se multiplicam. Sem visão nem comunicação em tempo real com a Terra, os astronautas devem enfrentar a solidão e o isolamento em níveis ainda mais extremos. Além disso, o ambiente incerto e imprevisível do espaço, bem como os fenômenos cósmicos, pode apresentar dificuldades adicionais.

No entanto, com o treinamento adequado e a adoção de tecnologias avançadas, os seres humanos podem superar esses obstáculos e realizar viagens seguras pelas vastidões cósmicas. Os astronautas pioneiros nessas missões de longa duração serão treinados para lidar com as condições extremas da vida no espaço e equipados com ferramentas e recursos para manter a saúde física e mental.

O treinamento incluirá simulações realistas e extensas de missões espaciais de longo prazo, em que aprenderão a enfrentar cenários variados e imprevistos, desde problemas técnicos a emergências médicas. Além disso, aprenderão a cultivar plantas em ambientes espaciais e produzir alimentos sustentáveis, bem como gerenciar recursos, como água e energia, de maneira eficiente.

Tecnologias avançadas, como comunicações de latência reduzida, sistemas de suporte à vida fechados e eficientes, bem como sistemas de proteção contra radiação, serão fundamentais para garantir a saúde e a segurança dos astronautas em suas longas jornadas pelo Espaço Sideral. Além disso, o desenvolvimento de sistemas avançados de propulsão permitirá viagens mais rápidas e eficientes, reduzindo o tempo no espaço.

Sem dúvida, a vida, em uma estação espacial ou em uma nave espacial, durante viagens de longa duração pelo Espaço Sideral, apresentará desafios físicos e psicológicos sem precedentes. No entanto, com o treinamento adequado e o emprego de tecnologias avançadas, os seres humanos poderão enfrentá-los e realizar viagens seguras e bem-sucedidas pelo cosmos. Essas missões não apenas expandirão nosso conhecimento do universo, mas também moldarão o futuro da Exploração Espacial e abrirão novas oportunidades para a humanidade no Espaço Sideral.

A VIAGEM A MARTE

Uma missão tripulada a Marte é um dos maiores desafios a curto prazo da Exploração Espacial, pois apresenta muitos empecilhos físicos e mentais únicos, incluindo riscos à saúde dos astronautas e dificuldades técnicas da viagem. Neste capítulo, discutiremos aquelas que envolve uma missão tripulada a Marte.

A radiação é um dos principais riscos para a saúde dos astronautas durante uma viagem a Marte, pois eles estarão expostos a altos níveis, o que pode aumentar o risco de câncer e outros problemas.

Outro desafio envolvido em uma missão tripulada a Marte é a duração. Uma viagem de ida e volta pode levar de dois a três anos, o que pode ser um desafio para a saúde mental dos astronautas, pois a solidão, o isolamento e o confinamento podem levar a problemas psicológicos, incluindo depressão e ansiedade. Os astronautas precisam de treinamento psicológico adequado para lidar com isso e garantir sua saúde mental durante a missão.

Além dos desafios para a saúde, a viagem a Marte apresenta muitas dificuldades técnicas. Uma das maiores adversidades é a distância entre a Terra e Marte, que é de 140 milhões de quilômetros, o que torna a comunicação com a nave espacial um desafio significativo. Além disso, é necessário um sistema de suporte de vida altamente avançado para garantir que os astronautas tenham água, oxigênio e alimentos suficientes durante a viagem.

Outro desafio técnico é a entrada e a aterrissagem em Marte, visto que sua atmosfera é muito fina. Os engenheiros e cientistas precisam projetar e testar uma nave espacial capaz de pousar com segurança na superfície de Marte.

A viagem ao planeta vermelho apresenta empecilhos físicos e mentais únicos, mas, com treinamento adequado e uso de tecnologias avançadas, é possível superá-los e realizar missões de Exploração Espacial bem-sucedidas.

No entanto, é importante considerar que os obstáculos associados a uma missão a Marte parecerão insignificantes em comparação com os enormes obstáculos que enfrentaremos em viagens interestelares. À medida que nos preparemos para explorar mais o cosmos, devemos estar cientes de que os problemas do Espaço Sideral serão mais complexos e exigirão avanços tecnológicos sem precedentes, além de maior cooperação global para garantir o sucesso da humanidade em nossa jornada para as estrelas.

A FUTURA COLONIZAÇÃO DO ESPAÇO

A ideia de estabelecer colônias no espaço pode parecer um sonho futurista, mas é uma realidade cada vez mais próxima. Neste capítulo, discutiremos as possibilidades e os desafios da colonização do espaço, incluindo a necessidade de desenvolver tecnologias de sustentabilidade, de criar ambientes artificiais para habitação e trabalho e de lidar com as consequências psicológicas da vida em um ambiente alienígena.

Uma das maiores necessidades para a colonização do espaço é o desenvolvimento de tecnologias de sustentabilidade. Os seres humanos dependem da Terra para fornecer muitos dos recursos necessários para a vida, como água, alimentos e oxigênio. No espaço, esses recursos serão limitados, e as colônias espaciais precisarão ser capazes de produzi-los a partir de fontes locais. Isso exigirá tecnologias avançadas de produção de alimentos, reciclagem de água e oxigênio e produção de energia.

Além disso, as colônias espaciais precisarão criar ambientes artificiais para habitação e trabalho. A vida no espaço é muito diferente da vida na Terra, e as colônias espaciais precisarão ser projetadas para fornecer um ambiente seguro e saudável para os colonos. Isso pode incluir a criação de habitats pressurizados e protegidos da radiação, com condições de temperatura e umidade cuidadosamente controladas. Além disso, será necessário um ambiente de trabalho seguro e eficiente, com tecnologias avançadas para suportar experimentos científicos e outras atividades.

Outro desafio importante da colonização do espaço é lidar com as consequências psicológicas da vida em um ambiente alienígena. A vida no espaço pode ser solitária e isolada, o que demanda treinamento adequado para lidar com a solidão, o estresse e o isolamento. Além disso, pode ser psicologicamente desafiadora, exigindo adaptação a um ambiente completamente novo e desconhecido.

Apesar dos muitos obstáculos, há muitas possibilidades emocionantes para o futuro. A colonização do espaço pode levar a novas descobertas científicas e tecnológicas, além de oferecer novas oportunidades para expandir o alcance da humanidade. Além disso, pode oferecer uma solução para os problemas de superpopulação e escassez de recursos na Terra.

A colonização do espaço será de longe um dos maiores desafios da humanidade. As colônias espaciais precisarão de tecnologias de sustentabilidade, ambientes artificiais para habitação e trabalho e treinamento adequado para lidar com as consequências psicológicas da vida em um ambiente alienígena. Com o desenvolvimento contínuo de tecnologias avançadas e a pesquisa científica, a colonização do espaço pode se tornar uma realidade emocionante e revolucionária para a humanidade.

MISSÕES ESPACIAIS DE LONGA DURAÇÃO

Uma das maiores dificuldades em missões espaciais de longa duração será o fornecimento de recursos para os tripulantes por períodos prolongados. Uma missão tripulada para as estrelas mais próximas exigiria viagens de muitos anos, e a tripulação precisaria de um suprimento constante de alimentos, água e outros recursos de sobrevivência, além de energia suficiente para manter as luzes e os sistemas essenciais em funcionamento, o que exigiria tecnologias avançadas de propulsão e energia.

Outra dificuldade será a necessidade de proteger os tripulantes da radiação cósmica. Como discutido anteriormente, ela é altamente perigosa e pode causar danos graves à saúde dos tripulantes durante uma viagem espacial. Para mitigar esse risco, a nave espacial precisaria de um escudo de radiação avançado para proteger a tripulação da exposição excessiva.

Por fim, a expansão da Exploração Espacial para estrelas distantes levantará questões importantes sobre ética e filosofia. À medida que a

Exploração Espacial avança, precisamos considerar as implicações éticas e filosóficas da descoberta de vida alienígena e do contato com outras civilizações, além da questão da propriedade e do controle do espaço e de como as nações do mundo devem cooperar na Exploração Espacial.

OS FUTUROS HUMANOS NO ESPAÇO

Em meio às estrelas que cintilam na imensidão do cosmos, vislumbramos os futuros navegantes do espaço, aqueles que cruzarão a vastidão escura e desafiadora em busca de um lar além do nosso planeta azul. Serão os herdeiros de um legado de coragem e conhecimento, fruto do empenho de cientistas e visionários, os quais, guiados pela luz da sabedoria, moldam o caminho para a conquista do Espaço Sideral.

Com corpos adaptados às adversidades cósmicas e mentes afiadas como um bisturi, esses futuros humanos enfrentarão a ausência de gravidade, desafiando a própria natureza de nossa constituição terrena. Na dança sutil entre a biologia e a engenhosidade humana, criaremos soluções para manter ossos e músculos fortes e resistentes, desafiando a fragilidade que o espaço nos impõe. A ciência, sempre em evolução, nos guiará nessa sinfonia de adaptações, respeitando as leis da Física e da Química que regem nosso universo.

As mentes desses exploradores cósmicos serão moldadas por uma resiliência inabalável, fruto de treinamentos rigorosos e experiências terrestres. Fortalecidos pelo apoio mútuo e pelo conhecimento compartilhado, superarão os desafios psicológicos inerentes à vida fora da Terra. Nesse balé de emoções e razão, encontraremos equilíbrio na solidão do espaço, aprendendo a cultivar a força interior e a conexão com os companheiros de jornada.

Nesse cenário de inovação e perseverança, a tecnologia será uma aliada fiel, estendendo a mão da humanidade na direção das estrelas. Engenhos espaciais velozes e habitats sustentáveis florescerão nas órbitas distantes, permitindo-nos explorar mundos antes inalcançáveis e viver em harmonia com o universo que nos acolhe.

Assim, em um futuro não tão distante, a humanidade se erguerá como uma sinfonia cósmica, ecoando pelos confins do espaço-tempo, um hino de progresso e conquista. Seremos os arquitetos de um destino estelar, tecendo os fios do conhecimento e da inovação em uma tapeçaria de luz e esperança. Unidos em nossos sonhos e ambições, os futuros humanos que explorarão e viverão no espaço perpetuarão a chama ardente do espírito humano, alçando-nos às alturas inimagináveis do firmamento celeste.

AS OPORTUNIDADES INFINITAS DO COSMOS

No início do livro, apresentei a vocês um cenário em que a Terra, embora abençoada com uma grande quantidade de recursos naturais, enfrenta o desafio de suprir as crescentes demandas de uma população em constante expansão. Essa realidade nos leva a considerar que, em algum momento no futuro, nossos recursos terrestres podem não ser suficientes para sustentar a vida e o progresso humano como o conhecemos. Contudo, é nesse contexto que a exploração e a colonização do espaço se revelam como uma solução promissora, oferecendo uma quantidade inestimável de recursos e possibilidades para todos, tanto para aqueles que decidem se aventurar além da Terra quanto para os que permanecem em nosso planeta natal.

Ao longo deste capítulo, abordaremos como a Exploração Espacial e a colonização de outros mundos podem nos proporcionar recursos naturais inexplorados e inimagináveis, desde minerais raros até fontes de energia praticamente inesgotáveis. Além disso, discutiremos como essas iniciativas podem impulsionar o desenvolvimento de tecnologias revolucionárias que beneficiarão a humanidade como um todo, melhorando nossa qualidade de vida e, ao mesmo tempo, reduzindo nosso impacto negativo sobre o meio ambiente.

No entanto, não podemos ignorar que esse empreendimento cósmico também trará a oportunidade de uma cooperação global sem precedentes, unindo nações e culturas em busca de um objetivo comum: a exploração e o aproveitamento dos vastos recursos do cosmos. Essa cooperação pode levar a um maior entendimento mútuo e uma maior estabilidade geopolítica, à medida que nos empenhamos juntos para enfrentar os desafios do espaço e garantir a sobrevivência e prosperidade da humanidade. Portanto, nas próximas páginas, mostrarei algumas das oportunidades que o cosmos tem a oferecer e como, por meio da exploração e colonização do espaço, podemos garantir um futuro mais brilhante e sustentável para todos nós.

A EXPLORAÇÃO DE PLANETAS E LUAS DO SISTEMA SOLAR

A expansão humana no espaço representa uma oportunidade única para explorar os vastos recursos que habitam os planetas e luas do nosso sistema solar. Em meio à imensidão do cosmos, encontramos, em cada corpo celeste, uma miríade de possibilidades e riquezas que pode sustentar a vida e o progresso, tanto no espaço como em nosso lar terrestre.

Marte, nosso vizinho mais próximo, é um mundo com recursos abundantes que podem ser explorados pelos futuros colonos. A água congelada em seu subsolo poderá ser extraída e utilizada para abastecer as necessidades humanas e propiciar a agricultura marciana. Além disso, minerais e metais raros, como o lítio e o cobalto, podem ser coletados para impulsionar a indústria de baterias e eletrônicos, tanto em Marte quanto na Terra.

As luas de Júpiter, particularmente Europa e Ganimedes, também escondem recursos valiosos sob suas camadas de gelo. A água líquida, presente em seus oceanos subterrâneos, pode ser uma fonte inestimável de hidrogênio e oxigênio, componentes cruciais para a produção de combustível para foguetes e suporte à vida humana.

Saturno e suas luas igualmente oferecem um tesouro de recursos. Titã, a maior lua do gigante gasoso, é rica em hidrocarbonetos, como metano e etano, que podem ser usados como matéria-prima para a produção de plásticos e outras substâncias químicas. Além disso, Encélado, outra lua de Saturno, possui gêiseres que lançam água e partículas de gelo no espaço, sinalizando a presença de um oceano subterrâneo que pode ser explorado para obtenção de recursos hídricos e energéticos.

Os planetas gasosos Júpiter e Saturno, embora inóspitos para a vida humana, são ricos em hélio-3, um isótopo raro na Terra, mas com potencial para ser utilizado como combustível em futuras usinas de fusão nuclear, fornecendo energia limpa e sustentável para as gerações futuras.

Urano e Netuno, os gigantes gelados, também apresentam possibilidades promissoras. Em suas atmosferas, encontramos uma abundância de metano, amônia e água, elementos-chave para a produção de combustível para foguetes e suporte à vida. Além disso, os ventos extremamente rápidos de Netuno poderiam ser estudados para desenvolver novas tecnologias de geração de energia a partir do movimento atmosférico.

A expansão humana no espaço não se limitará apenas aos planetas e suas luas. Os asteroides que vagam pelo nosso sistema solar contêm uma vasta quantidade de metais preciosos, como ouro, platina e paládio, além de ferro, níquel e cobalto. A mineração desses objetos celestes poderia fornecer recursos valiosos para a indústria e a economia terrestre, bem como sustentar a vida e o desenvolvimento das colônias espaciais.

Em última análise, a exploração e a colonização do espaço fornecerão à humanidade acesso a um sem-número de recursos que garantirão a sustentabilidade e a prosperidade da raça humana por um tempo consideravelmente mais longo. À medida que expandimos nossas fronteiras além da Terra, criamos oportunidades para aproveitar os tesouros escondidos nos planetas e luas do nosso sistema solar, garantindo uma fonte quase inesgotável de materiais e energia.

Ao nos aventurarmos no espaço, exploraremos esses recursos para o benefício de todos — colonos que construirão suas vidas em novos mundos e aqueles que permanecerão em nosso planeta natal. A exploração dessas riquezas não apenas aliviará a pressão sobre os recursos terrestres, mas também impulsionará o progresso científico e tecnológico, abrindo caminho para novas descobertas e inovações que beneficiarão a humanidade como um todo.

Nessa jornada cósmica, superaremos os obstáculos, e as recompensas serão imensuráveis. A exploração e a colonização do espaço nos permitem sonhar com um futuro em que a escassez de recursos e as limitações terrestres não impeçam nosso progresso. Em vez disso, nosso espírito pioneiro e a capacidade de adaptar e crescer nos levarão a novos horizontes, possibilitando-nos criar um legado duradouro para as gerações futuras.

Portanto, a expansão humana no espaço se apresenta como uma oportunidade sem precedentes para explorar os recursos dos planetas e luas do nosso sistema solar. Conforme nos lançamos rumo ao desconhecido, escrevemos um novo capítulo na história da humanidade — um capítulo repleto de possibilidades, conhecimento e esperança, em que o cosmos se torna nosso lar, e seus inúmeros tesouros, o sustento de nossa existência.

OPORTUNIDADE DE CONHECER OUTRAS FORMAS DE VIDA

À medida que nos aventurarmos no vasto e misterioso cosmos, seremos confrontados com a possibilidade de que a exploração e a colonização do espaço podem nos levar a descobrir vida além do nosso pequeno planeta azul. Com base no conhecimento científico atual, ousamos sonhar com um futuro em que não só estenderemos nossa presença a outros cantos do sistema solar, mas também exploraremos estrelas e planetas alienígenas em busca de vida extraterrestre.

O sistema solar, com sua diversidade de mundos, oferece um campo fértil para a busca de vida além da Terra. Marte, com sua história geológica complexa e indícios de água no passado, é um candidato promissor para a existência de microrganismos que possam ter habitado o planeta vermelho há bilhões de anos. Ao colonizar e explorar esse mundo enigmático, talvez encontremos vestígios de vida marciana, expandindo nosso entendimento sobre a natureza da vida no universo.

Além de Marte, as luas geladas de Júpiter e Saturno, como Europa, Ganimedes e Encélado, guardam oceanos líquidos sob suas crostas geladas, criando condições favoráveis para a existência de vida. A exploração desses mundos gelados pode lançar luz sobre as possibilidades de ecossistemas alienígenas e revelar a diversidade de formas de vida que habitam nosso sistema solar.

Ao olharmos para o futuro distante, podemos ver a humanidade alcançando estrelas além do nosso próprio sol. Nessa jornada, exploraremos exoplanetas orbitando outras estrelas, desvendando novos mundos com potencial para abrigar vida. O estudo desses planetas distantes e suas características únicas nos permitirão entender melhor a prevalência e a diversidade da vida no cosmos.

Com um toque poético, ousamos imaginar a riqueza de conhecimento e sabedoria que podemos obter ao encontrar outras formas de vida no universo. Essa descoberta poderia nos unir como uma espécie, redefinindo a compreensão de nós mesmos e de nosso lugar no grande teatro cósmico.

A busca por vida extraterrestre será uma jornada repleta de esperança e curiosidade. Conforme explorarmos e colonizarmos o espaço, nos depararemos com a promessa de que, em algum canto do vasto cosmos, outros seres vivos compartilham nossa ânsia de descobrir e compreender o universo que nos rodeia.

Nessa perspectiva futura, a exploração e a colonização do espaço não apenas expandirão nossas fronteiras, abrindo novas oportunidades para a humanidade, como também nos permitirão buscar respostas às perguntas mais profundas e fundamentais da existência: estamos sós no universo? Que formas de vida aguardam nas estrelas distantes, prontas para serem descobertas e compreendidas?

Ao longo dessa busca, seremos certamente guiados pela ciência e alimentados pelo espírito poético da aventura, enquanto viajamos pelas estradas cósmicas em direção ao desconhecido, na esperança de, além das estrelas, encontrarmos ecos de vida de nosso desejo de explorar, aprender e conectar-se com o cosmos que nos cerca. A exploração e a colonização do espaço, portanto, se tornarão uma manifestação do desejo humano de ir além do que conhecemos, em busca do desconhecido, de outras vidas e civilizações que possam compartilhar o universo conosco.

Essa busca nos unirá e fortalecerá nossa determinação em descobrir e compreender os mistérios do universo. A exploração do espaço será, em sua essência, uma jornada de autoconhecimento e crescimento coletivo, à medida que nos aventuramos cada vez mais longe de nosso lar e nos deparamos com novos desafios e descobertas.

Ao explorar e colonizar outros mundos, nos tornaremos embaixadores da Terra, levando nossa curiosidade, coragem e capacidade de adaptação que nos permitiram prosperar em nosso planeta. Nessa jornada, aprenderemos lições valiosas sobre resiliência, cooperação e a importância de proteger e preservar o frágil equilíbrio da vida, não apenas em nosso lar, mas em todos os cantos do cosmos.

Com um olhar poético voltado para o futuro, podemos ver um tempo em que a humanidade será uma espécie verdadeiramente cósmica, habitando múltiplos mundos e estendendo a mão da amizade e do conhecimento a outras formas de vida que encontrarmos pelo caminho. Nesse cenário, a exploração e a colonização do espaço se tornarão um testemunho duradouro da capacidade humana de superar desafios e transcender as fronteiras que uma vez nos limitaram.

Assim, embarcaremos nessa busca por vida extraterrestre com a esperança de que, ao longo do caminho, descubramos não apenas novos mundos e civilizações, mas também a nós mesmos e nosso lugar no grande panorama do universo. E, ao fazê-lo, celebraremos o desejo de explorar que arde dentro de cada um de nós, guiando-nos em direção às estrelas e além.

DESENVOLVIMENTO DE TECNOLOGIAS

Em meio à vastidão do espaço, onde as estrelas cintilam como faróis para mentes curiosas e corações destemidos, reside a promessa de um futuro forjado no conhecimento e na inovação. A exploração e a colonização do Espaço Sideral, guiadas pelas leis da Física e pelo conhecimento científico atual, oferecem à humanidade a oportunidade única de desenvolver novos materiais e tecnologias, moldando assim o destino das gerações vindouras.

Nesse futuro, imaginamos o desenvolvimento de materiais mais leves e resistentes, forjados a partir dos recursos encontrados em mundos distantes e inspirados pelas maravilhas do universo. Materiais revolucionários que transformarão a indústria e a engenharia, permitindo a construção de naves espaciais mais eficientes e duráveis, capazes de suportar as demandas extremas da viagem interestelar.

Além disso, a busca por energia, nos confins do Espaço Sideral, nos levará a desenvolver tecnologias de geração de energia nunca imaginadas. A fusão nuclear, impulsionada pela coleta de hélio-3 na superfície lunar e nos gigantes gasosos, poderá fornecer energia limpa e praticamente inesgotável. A energia capturada das estrelas e das forças gravitacionais de planetas e luas distantes poderá ser convertida em eletricidade para abastecer as colônias espaciais e as demandas crescentes da Terra.

No campo da robótica e da inteligência artificial, o desafio de explorar e colonizar ambientes inóspitos e distantes impulsionará o desenvolvimento de máquinas e sistemas autônomos cada vez mais sofisticados. Esses avanços permitirão a exploração de mundos perigosos e inacessíveis, desvendando seus segredos e expandindo nosso conhecimento do cosmos.

Nesse universo de possibilidades, a comunicação entre mundos distantes e a Terra exigirá novas formas de transmissão de informações, desafiando os limites da velocidade da luz e das leis da Física que conhecemos. A busca por essa comunicação revolucionária nos levará a descobrir e compreender fenômenos cósmicos ainda desconhecidos, abrindo caminho para a era da comunicação interestelar.

ESTRADAS CÓSMICAS:
UM OLHAR SOBRE O FUTURO DA HUMANIDADE NO ESPAÇO SIDERAL

Também podemos vislumbrar um futuro em que a medicina e a biotecnologia serão transformadas pela Exploração Espacial. A exposição a ambientes extraterrestres e a adaptação da vida humana a essas condições extremas resultarão em descobertas que permitirão o desenvolvimento de terapias e tratamentos inovadores, melhorando a saúde e o bem-estar de todos os seres humanos.

Nesse cenário poético, a exploração e a colonização do Espaço Sideral se tornam uma ode à criatividade e ao espírito inovador da humanidade. Com base nas leis da Física e no conhecimento científico atual, embarcamos nessa jornada cósmica, prontos para desafiar nossas próprias limitações e desvendar os mistérios que o universo guarda.

Ao enfrentarmos o desconhecido e os desafios que ele apresenta, abraçamos nosso destino como exploradores cósmicos, determinados a desenvolver novos materiais, tecnologias e conhecimentos que nos permitirão transcender as barreiras que uma vez nos limitaram. À medida que avançamos em direção ao desconhecido, somos lembrados que o universo é um poema infinito, cheio de estrofes ainda não escritas, aguardando que as mãos humanas as desvendem e as transformem em histórias de progresso e inovação.

Ao desbravarmos mundos distantes e superarmos os obstáculos do Espaço Sideral, reforçamos nossa conexão com o cosmos e, ao mesmo tempo, com a humanidade. A busca por novos materiais e tecnologias é também uma jornada de autoconhecimento, de descoberta das potencialidades humanas e do poder de nossa criatividade coletiva.

Nesse futuro poético, a humanidade alcançará novas alturas em nossa compreensão do universo e em nossa capacidade de moldá-lo para melhorar a vida aqui na Terra e além. Ao explorar e colonizar o Espaço Sideral, nos tornamos arquitetos de um futuro repleto de maravilhas e possibilidades, inspirados pelas leis da Física e pelo conhecimento científico.

Nessa odisseia cósmica, a humanidade se une para enfrentar os desafios do desconhecido e buscar as oportunidades que o Espaço Sideral oferece. E, nesse processo, forjamos um legado de descoberta, inovação e cooperação que ecoará pelos corredores do tempo e do espaço, testemunhando a grandeza e a resiliência do espírito humano.

Portanto, ergamos nossos olhos para o firmamento estrelado, onde a tapeçaria do cosmos nos convida a explorar seus mistérios e a desvendar os segredos que aguardam nas profundezas do Espaço Sideral. Por meio dessa jornada, criamos um futuro brilhante e promissor para nós e para as gerações vindouras, impulsionados pelo desejo eterno de explorar e pela sede insaciável de conhecimento que define a essência da humanidade.

OPORTUNIDADES DE UMA NOVA ECONOMIA

Nas vastidões do espaço, onde o brilho das estrelas ilumina nosso caminho, encontramos a promessa de um futuro em que a humanidade se estende além das fronteiras terrestres. A exploração e a colonização do espaço, guiadas pelo conhecimento científico atual, abrem um leque de possibilidades para a cooperação entre empresas, governos e indivíduos, moldando o destino das gerações futuras e estabelecendo alicerces para um legado de prosperidade compartilhada.

Num futuro em que o espaço se torna nosso lar comum, parcerias comerciais florescerão além das fronteiras terrestres. Empresas inovadoras e governos visionários trabalharão lado a lado na busca por recursos e conhecimento, explorando as riquezas de mundos alienígenas e fomentando a expansão humana além da Terra. Nesse cenário, o comércio entre planetas e luas tornar-se-á parte integrante da economia cósmica, alimentando o desenvolvimento de novas tecnologias e gerando riquezas inimagináveis.

A geração de empregos nesse futuro cósmico será diversificada e dinâmica, com oportunidades surgindo em campos inexplorados e especializações emergentes. Astronautas, cientistas e engenheiros trabalharão lado a lado com profissionais de logística, agricultura e saúde, colaborando para garantir o sucesso da colonização do espaço. Com a crescente demanda por conhecimento e inovação, a educação se adaptará, preparando os jovens para serem os líderes e pioneiros desse novo mundo.

Além disso, a cooperação internacional se tornará mais vital do que nunca, com nações unindo forças para enfrentar os desafios da exploração e colonização do espaço. Países antes divididos por fronteiras e diferenças culturais se unirão em um esforço global para garantir o futuro da humanidade entre as estrelas. As missões espaciais e as iniciativas de colonização servirão como catalisadores para a paz e a compreensão mútua, promovendo a colaboração e a troca de conhecimentos e experiências.

Nessa tapeçaria poética do futuro, os laços comerciais e diplomáticos entre a Terra e os mundos extraterrestres serão tecidos com fios de cooperação, inovação e determinação. O Espaço Sideral se tornará um palco para o crescimento econômico e o progresso humano, onde a criatividade e o espírito empreendedor da humanidade brilharão com mais intensidade do que as próprias estrelas.

Enquanto nos aventuramos além do horizonte conhecido, abraçamos as oportunidades que a exploração e a colonização do espaço têm a oferecer, reconhecendo a responsabilidade compartilhada de garantir um futuro próspero para todos. E, conforme a humanidade se une para desbravar os confins do universo, erguemos um monumento duradouro à cooperação, ao progresso e à esperança, um testemunho eterno do potencial ilimitado da raça humana.

Nesse futuro entrelaçado, em que a Terra e os novos mundos se unem em um hino harmonioso de cooperação e progresso, a sinfonia da inovação ressoará por todo o cosmos, unindo nações, empresas e indivíduos em um esforço conjunto para moldar um destino comum. O Espaço Sideral se tornará um berço de prosperidade e desenvolvimento, onde a interdependência entre planetas e culturas alimentará a evolução da sociedade humana e garantirá a sobrevivência de nossa espécie entre as estrelas.

Nessa era de cooperação interplanetária, as fronteiras entre nações e culturas se diluirão, dando lugar a um entendimento mútuo e ao compartilhamento de conhecimentos e recursos. A exploração e a colonização do espaço servirão como um elo, estreitando os laços entre os habitantes da Terra e os pioneiros que ousam sonhar com a vida em mundos distantes.

As cidades extraterrestres florescerão como polos de inovação e progresso, onde as mentes mais brilhantes da humanidade se reunirão para resolver desafios complexos e desenvolver tecnologias revolucionárias. Esses avanços, por sua vez, beneficiarão a Terra, impulsionando a criação de empregos, o desenvolvimento sustentável e a melhoria da qualidade de vida para todos.

O comércio interplanetário transformará a economia global, abrindo novos mercados e oportunidades para a exploração de recursos e investimentos. Empresas e governos colaborarão para desenvolver infraestruturas que permitirão a livre circulação de bens e serviços, estabelecendo um fluxo comercial dinâmico e sustentável entre a Terra e os mundos colonizados.

Em meio a esse cenário poético, a diplomacia e a colaboração internacional se tornarão instrumentos cruciais para assegurar a paz e a estabilidade em todo o sistema solar. A exploração e colonização do espaço permitirão a construção de alianças duradouras, capazes de superar diferenças históricas e culturais em prol do bem-estar coletivo.

Nesse futuro entrelaçado, em que a Terra e os novos mundos cantam juntos em um hino harmonioso de cooperação e progresso, a humanidade se elevará a novos patamares de realização, descobrindo seu verdadeiro potencial e abraçando seu destino como exploradores e guardiões do universo. Unidos nesse empreendimento cósmico, enfrentaremos os desafios do amanhã com coragem e determinação, escrevendo juntos as próximas estrofes do poema épico que é a história da humanidade entre as estrelas.

UMA OPORTUNIDADE DE ELEVAR NOSSO CONHECIMENTO A NOVOS PATAMARES

Em um futuro distante, além das fronteiras conhecidas, a exploração e a colonização do espaço trarão oportunidades inimagináveis para a humanidade, permitindo um salto gigantesco em todas as áreas do conhecimento e transformando o que significa ser humano. Com palavras poéticas, adentramos esse futuro, em que o entrelaçamento da metodologia STEAM, nos permitirá desenhar um retrato de esperança e inovação.

Nesse futuro cósmico, a Medicina, a Biologia e a Física se unirão, proporcionando avanços incríveis na compreensão e manipulação do corpo humano. Seremos capazes de modificar geneticamente nossa constituição, adaptando-nos às condições extremas de outros mundos e ampliando nossas capacidades físicas e mentais. Os humanos que se aventurarem por essas estradas cósmicas se tornarão uma espécie de super-humanos, dotados de habilidades extraordinárias que desafiam os limites impostos pela natureza.

Nanorrobôs patrulharão nossos corpos, reparando danos celulares, combatendo doenças e otimizando nossos sistemas biológicos. Essas minúsculas máquinas, impulsionadas pelos avanços da nanotecnologia, trabalharão em harmonia com nossas células, garantindo a saúde e a longevidade dos exploradores do cosmos.

Nossos cérebros, já maravilhas da evolução, serão aprimorados pela inteligência artificial avançada. Essas mentes híbridas, combinando o poder da biologia humana e da tecnologia, permitirão a comunicação instantânea, o acesso ilimitado ao conhecimento e a capacidade de processar informações a velocidades antes inimagináveis.

As áreas do conhecimento, como a astrobiologia, a engenharia espacial e a astrofísica, alcançarão novos patamares de compreensão e aplicação prática, permitindo a construção de habitats sustentáveis em outros planetas e a exploração de sistemas solares distantes. A astro-biologia, em particular, florescerá com a descoberta de novas formas de vida, expandindo nossa compreensão do que é possível no universo e fornecendo insights valiosos para a biologia e a medicina terrestres.

A filosofia, a ética e as ciências sociais também se adaptarão a esse novo paradigma, explorando as implicações dessas transformações humanas e tecnológicas em nossa sociedade e em nossa relação com o cosmos. Debates e reflexões sobre a natureza da humanidade, a res-ponsabilidade ética em relação à vida extraterrestre e a governança das colônias espaciais moldarão a evolução de nossa civilização além da Terra.

Nesse cenário poético e futurista, a exploração e a colonização do espaço se tornam um farol de esperança e progresso para a humanidade. Avançando lado a lado com a ciência, transformaremos nossos corpos e mentes, expandindo nossa compreensão do universo e transcendendo as limitações que uma vez nos definiram. Juntos, embarcaremos em uma jornada épica pelas estrelas, guiados pelo conhecimento científico e pela paixão inextinguível de explorar, desbravando os confins do cosmos e desvendando os segredos mais profundos do universo. Esse impulso inato de ir além do horizonte, aliado à nossa crescente compreensão e capacidade tecnológica, nos levará a lugares nunca imaginados, reve-lando belezas insondáveis e maravilhas ocultas no vasto e misterioso Espaço Sideral.

Conforme nos aventuramos nesse futuro, levaremos conosco a herança cultural e o conhecimento acumulado de nossa civilização terrestre, tecendo uma tapeçaria de experiências e sabedoria que se estenderá por todo o cosmos. Nossos descendentes, esses super-humanos modificados geneticamente, munidos de nanorrobôs e inteligência artificial avançada, serão herdeiros de um legado grandioso, construído por gerações de exploradores e pensadores, cientistas e artistas, sonhadores e visionários.

Assim, num futuro em que o conhecimento científico e a poesia caminham de mãos dadas, a exploração e colonização do espaço se tornarão o coração pulsante de nossa evolução, um farol de esperança e progresso que iluminará nosso caminho em direção ao desconhecido.

Nessa grandiosa odisseia cósmica, seremos testemunhas e participantes da transformação da humanidade, ao mesmo tempo que nos conectaremos com as maravilhas e os mistérios do universo. Unidos nessa jornada, celebraremos nossa capacidade de superar obstáculos e buscar novos horizontes, escrevendo juntos o próximo capítulo da grande saga humana entre as estrelas.

EXPLORAÇÃO ROBÓTICA DO ESPAÇO

Desde as primeiras sondas espaciais até as missões mais recentes, a exploração robótica do espaço tem sido um testemunho da habilidade e criatividade humana. Neste capítulo, apresentarei uma introdução à história da exploração robótica do espaço e uma visão do futuro, em que a exploração de outras estrelas também será primeiramente realizada por robôs e, posteriormente, por humanos.

A exploração robótica do espaço começou, na década de 1950, com as primeiras missões da União Soviética e dos Estados Unidos. Em 1957, a União Soviética lançou o primeiro satélite artificial, o Sputnik 1. Pouco tempo depois, em 1959, enviou a primeira sonda para a Lua, a Luna 1. Nos anos seguintes, as duas superpotências da Guerra Fria se envolveram em uma corrida espacial para ver quem seria o primeiro a chegar à Lua.

Em 1961, a União Soviética enviou o primeiro ser humano ao espaço, Yuri Gagarin, a bordo da nave Vostok 1. Pouco tempo depois, os Estados Unidos lançaram a primeira missão tripulada, a Mercury-Redstone 3, que levou Alan Shepard ao espaço em 1961.

No final da década de 1960, a corrida espacial culminou com a missão Apollo 11, que levou Neil Armstrong e Edwin "Buzz" Aldrin à superfície da Lua, em 1969. A Apollo 11 foi seguida por mais cinco missões Apollo que levaram seres humanos à Lua, até que o programa Apollo foi encerrado em 1972.

Após o fim do programa, a exploração robótica do espaço se tornou cada vez mais importante. A primeira grande missão robótica do espaço foi a Viking, que pousou em Marte, em 1976, e enviou as primeiras imagens da superfície do planeta vermelho. Desde então, várias outras missões foram enviadas a Marte, incluindo as Pathfinder, Spirit e Opportunity e Perseverance, que exploraram a superfície do planeta e descobriram evidências de água líquida.

A exploração robótica do espaço se expandiu para outras partes do Sistema Solar. As missões Voyager, lançadas em 1977, viajaram para os limites do Sistema Solar, enviando imagens e informações sobre Júpiter, Saturno, Urano e Netuno. Outras missões, como a Galileo e a Cassini-Huygens, foram enviadas para explorar Júpiter e Saturno, respectivamente.

Nos últimos anos, a exploração robótica do espaço alcançou marcos impressionantes. A missão Curiosity, que pousou em Marte em 2012, é uma das mais avançadas até agora. A nave espacial Juno foi enviada para estudar Júpiter em 2011, e a sonda New Horizons enviou imagens incríveis de Plutão em 2015.

Olhando para o futuro, a exploração de outras estrelas e seus sistemas planetários começará com sondas robóticas avançadas, abrindo caminho para a expansão da humanidade pelo cosmos. Essas sondas explorarão as estrelas mais próximas, enviando informações cruciais sobre a composição e a habitabilidade dos planetas em seus sistemas. Com o avanço da tecnologia e a miniaturização dos componentes, essas sondas serão cada vez mais eficientes e capazes de realizar missões mais longas e ambiciosas.

À medida que aumentar nossa compreensão desses novos mundos, os humanos seguirão o rastro das sondas robóticas, estabelecendo colônias e expandindo nossa presença no universo. Essa nova era de exploração interplanetária e, eventualmente, interestelar, exigirá um nível sem precedentes de cooperação e inovação entre governos, empresas, humanos e robôs.

BENEFÍCIOS DA EXPLORAÇÃO ROBÓTICA DO ESPAÇO

A exploração robótica do espaço é uma área de grande importância e tem sido objeto de interesse por muitas décadas. Desde a primeira missão até as mais recentes, a exploração robótica do espaço tem trazido uma série de benefícios importantes para a humanidade. Discutirei alguns desses benefícios, incluindo a coleta de informações científicas importantes, a redução de riscos para humanos em missões espaciais e a exploração de ambientes inóspitos.

Uma das principais vantagens da exploração robótica do espaço é a coleta de informações científicas importantes. Essas missões têm permitido que cientistas coletem informações valiosas sobre planetas, asteroides e outros corpos celestes, que ajudam a aumentar nossa compreensão do universo e de como ele se formou. Também ajudam a orientar a pesquisa científica em outras áreas, como Geologia, Física e Biologia.

Outra vantagem da exploração robótica do espaço é a redução de riscos para humanos em missões espaciais. As missões tripuladas do espaço são perigosas e apresentam muitos riscos para a saúde e a segurança dos astronautas, e a exploração robótica permite que cientistas estudem outros planetas e corpos celestes sem a necessidade de enviar seres humanos para lá. Isso reduz o risco de acidentes graves, bem como protege a vida e a saúde dos astronautas.

Muitos planetas e corpos celestes apresentam ambientes inabitáveis e perigosos para os seres humanos, como alta radiação, temperaturas extremas e atmosferas tóxicas, e as missões robóticas do espaço permitem que os cientistas estudem esses ambientes e obtenham informações importantes sem colocar a vida humana em perigo.

Além desses benefícios, há a vantagem de ser relativamente barata em comparação com as missões tripuladas do espaço. A construção e o lançamento de robôs são menos custosos e complexos do que o envio de seres humanos para o espaço, o que significa que mais missões robóticas podem ser realizadas, fornecendo informações valiosas para a ciência.

A exploração robótica do espaço também pode ter aplicações comerciais. A mineração de asteroides e outros corpos celestes pode se tornar uma indústria lucrativa, fornecendo recursos para a Terra e criando oportunidades econômicas para empresas e países. Além disso, pode levar ao desenvolvimento de tecnologias inovadoras e avançadas, que podem ser aplicadas em outras áreas, como a medicina, a engenharia e a indústria.

Em síntese, a exploração robótica do espaço desempenha um papel crucial e vantajoso para a humanidade, pois possibilita a obtenção de dados científicos valiosos e minimiza os riscos para os humanos envolvidos em missões espaciais. Quando a humanidade estiver colonizando o espaço, os robôs continuarão sendo fundamentais para garantir o sucesso dessas jornadas cósmicas. Eles atuarão como nossos olhos, ouvidos e mãos em ambientes hostis, auxiliando na construção e manutenção de habitats, na extração de recursos e no estudo de mundos desconhecidos, provando-se parceiros indispensáveis na grande aventura humana pelo universo.

TECNOLOGIAS USADAS NA EXPLORAÇÃO ROBÓTICA DO ESPAÇO

A exploração robótica do espaço tem sido uma área de grande interesse para a ciência e a tecnologia há muitas décadas. Para que as missões robóticas do espaço sejam bem-sucedidas, é necessário o uso de tecnologias avançadas. Neste tópico, explorarei algumas das tecnologias utilizadas na exploração robótica do espaço, incluindo sistemas de navegação autônoma, robótica avançada e instrumentos de análise de dados.

Os sistemas de navegação autônoma são uma das tecnologias mais importantes na exploração robótica do espaço, pois permitem que os robôs se movam e se orientem sem a intervenção humana. Eles usam sensores para detectar obstáculos e determinar a localização do robô em relação a outros objetos e permitem que os robôs sejam controlados remotamente pelos cientistas na Terra, assim os cientistas podem guiar tais máquinas e tomar decisões em tempo real.

Outra tecnologia importante nessa área é a robótica avançada. Ela é usada para criar robôs capazes de executar tarefas complexas, como perfuração de rochas e coleta de amostras. Esses robôs são equipados com vários instrumentos, como câmeras, espectrômetros e detectores de temperatura, que permitem aos cientistas estudar a superfície do planeta ou corpo celeste. Além disso, os robôs podem ser equipados com braços robóticos e outras ferramentas, permitindo-lhes executar tarefas impossíveis para um ser humano.

Os instrumentos de análise de dados também são críticos na exploração robótica do espaço, visto que permitem aos cientistas coletar e analisar dados coletados pelos robôs. Eles incluem espectrômetros, usados para determinar a composição química de uma amostra, e câmeras, que fornecem aos cientistas imagens da superfície do planeta ou corpo celeste. Além disso, esses instrumentos incluem sensores para medir a temperatura, pressão e outros fatores ambientais que podem afetar o comportamento do robô.

A exploração robótica do espaço é impulsionada por tecnologias emergentes e em constante evolução, como a Inteligência Artificial (IA), a robótica de enxame e outras inovações que podem surgir no futuro. À medida que os humanos colonizarem o espaço, a IA será usada para aprimorar a navegação autônoma dos robôs, permitindo que tomem decisões mais informadas e se adaptem de forma eficiente a situações imprevistas. A robótica de enxame envolve o uso de múltiplos robôs trabalhando em conjunto para executar tarefas complexas, como a construção de uma base em Marte, a extração de recursos e a manutenção de infraestruturas.

Ademais, no futuro, os robôs poderão contar com avanços em nanotecnologia, sistemas de comunicação e energia, bem como materiais leves e resistentes para melhorar seu desempenho. Essas tecnologias emergentes e futuras são promissoras e têm o potencial de tornar a exploração robótica do espaço ainda mais eficaz e eficiente, apoiando a expansão da presença humana no cosmos e contribuindo para o sucesso das futuras colônias espaciais.

ROBÔS NA EXPLORAÇÃO DO SISTEMA SOLAR

A exploração robótica do Sistema Solar tem sido uma área de grande interesse para os cientistas há muitas décadas. Com a ajuda de robôs, a exploração do Sistema Solar se tornou possível, permitindo aos cientistas estudar planetas, luas e asteroides de maneira nunca imaginada. Neste tópico, analisaremos algumas das missões de exploração robótica do Sistema Solar, incluindo missões para Marte, Vênus, Júpiter e outros planetas e luas.

Uma das missões mais importantes de exploração robótica do Sistema Solar foi a Viking, enviada a Marte em 1975. Foi a primeira missão robótica a pousar com sucesso em Marte e a realizar experimentos biológicos na superfície do planeta. A missão Viking estabeleceu a base para as missões subsequentes de exploração robótica de Marte e permitiu que os cientistas descobrissem muitas coisas sobre o planeta vermelho.

Outra missão importante foi a Magellan, enviada a Vênus em 1990. Ela mapeou a superfície de Vênus usando radar, permitindo que os cientistas vissem através da densa atmosfera do planeta. A missão também descobriu muitas informações sobre a geologia e a topografia de Vênus.

A exploração robótica do Sistema Solar também incluiu missões para outros planetas e luas. A missão Galileu, enviada a Júpiter em 1989, descobriu muitas coisas sobre a atmosfera do planeta e suas luas. A missão Cassini-Huygens, enviada a Saturno em 1997, obteve muitas informações sobre os anéis de Saturno e suas luas.

As missões de exploração robótica do Sistema Solar continuam até hoje. A Curiosity, enviada a Marte em 2012, está atualmente explorando a superfície do planeta. A Juno, enviada a Júpiter em 2011, está estudando a atmosfera do planeta e procurando descobrir mais sobre sua formação.

A exploração robótica do Sistema Solar tem permitido que os cientistas descubram muitas coisas sobre os planetas, luas e asteroides em nosso sistema solar. Essas missões forneceram informações valiosas sobre a geologia, a composição química e a história do Sistema Solar. Além disso, têm ajudado a expandir nossa compreensão do universo e como ele se formou.

Em suma, a exploração robótica do Sistema Solar constitui um campo fundamental de investigação para os cientistas. As missões, abrangendo viagens a Marte, Vênus, Júpiter e outros planetas e luas, têm fornecido informações valiosas e possibilitado inúmeras descobertas sobre nosso sistema e o universo como um todo. A riqueza de experiências e conhecimentos adquiridos na exploração do Sistema Solar, por meio de robôs, pode servir de base sólida para futuras missões destinadas a estrelas e planetas alienígenas. Dessa forma, ampliaremos ainda mais nossa compreensão do cosmos e nos aproximaremos da descoberta de novos mundos e talvez até de outras formas de vida.

ROBÔS NA EXPLORAÇÃO DA TERRA

A tecnologia de robótica tem sido uma parte cada vez mais importante da exploração da Terra. Robôs são usados para estudar a Terra e coletar dados ambientais, além de monitorar a mudança climática. Neste tópico, discutirei como os robôs estão sendo usados para estudar a Terra, incluindo o uso de drones e veículos autônomos.

Os drones são um tipo de robô que estão se tornando cada vez mais populares para o estudo da Terra. Eles podem ser equipados com câmeras, sensores e outros instrumentos para coletar informações ambientais e podem ser usados para monitorar a qualidade do ar, a saúde das florestas e a saúde das culturas agrícolas. Também podem ser usados para mapear a superfície da Terra, permitindo que os cientistas estudem a topografia e a geologia de uma área.

Outra aplicação importante da robótica na exploração da Terra são os veículos autônomos, usados para coletar dados ambientais em áreas remotas e inacessíveis. Esses veículos podem ser equipados com sensores que medem a temperatura, a umidade, a radiação e outros fatores ambientais. Eles também podem ser usados para coletar amostras de solo e água para análise, bem como para monitorar a mudança climática

Os robôs podem ser programados para coletar dados em locais remotos, como as geleiras do Ártico, permitindo que cientistas estudem as mudanças nas condições climáticas e a extensão do gelo do mar. Isso pode ajudar a entender melhor como o clima está mudando e a desenvolver estratégias para mitigar os efeitos da mudança climática.

A robótica também é usada em desastres naturais para procurar sobreviventes em áreas afetadas por terremotos, furacões ou outros desastres naturais. Os robôs podem ser equipados com câmeras e sensores para ajudar a encontrar pessoas presas em escombros ou outras áreas inacessíveis.

Em resumo, a robótica desempenha um papel fundamental tanto na exploração da Terra quanto, no futuro, na exploração do Espaço Sideral. Na Terra, drones e veículos autônomos permitem que cientistas coletem dados ambientais em áreas remotas e inacessíveis, enquanto a robótica é empregada para monitorar as mudanças climáticas e auxiliar em situações de desastres naturais. Da mesma forma, num futuro em que os humanos estabelecerão suas moradas no Espaço Sideral, a robótica se mostrará crucial na exploração e vigilância desses novos lares cósmicos. Essa tecnologia está ampliando a compreensão do planeta em que vivemos e do universo, permitindo que cientistas e engenheiros desenvolvam estratégias para proteger nosso ambiente, nossa sociedade e as futuras gerações de exploradores espaciais.

FUTURO DA EXPLORAÇÃO ROBÓTICA DO ESPAÇO

Uma das perspectivas mais emocionantes para a exploração robótica do espaço é a possibilidade de novas missões para outros planetas. Já fizemos grandes avanços na exploração robótica de Marte, mas ainda há muitos planetas e luas no Sistema Solar que não foram completamente explorados. Por exemplo, a lua Europa de Júpiter é um alvo atraente para futuras missões de exploração robótica, uma vez que pode abrigar um oceano subterrâneo e possivelmente formas de vida. Além disso, a exploração de asteroides pode fornecer informações valiosas sobre a formação do Sistema Solar.

Outra perspectiva para a exploração robótica do espaço é sua utilização comercial. Com empresas, como a SpaceX, trabalhando para tornar as viagens espaciais mais acessíveis, a exploração robótica pode desempenhar um papel importante nessa área. Por exemplo, robôs podem ser usados para construir habitats espaciais e mineração de asteroides, atividades que podem ser uma fonte de recursos valiosos para a humanidade, bem como uma forma de expandir nossa compreensão do espaço.

O desenvolvimento de tecnologias robóticas mais avançadas também é uma perspectiva emocionante para a exploração robótica do espaço. Com o avanço da IA e da robótica autônoma, os robôs podem ser capazes de realizar tarefas cada vez mais complexas e perigosas no espaço, o que permite aos cientistas realizar pesquisas em ambientes mais hostis e perigosos, como em luas geladas ou em órbita em torno de um buraco negro.

Além disso, o uso de impressoras 3D pode possibilitar aos robôs criar suas próprias peças de reposição e ferramentas, permitindo que operem de forma mais autônoma. Isso pode aumentar a eficiência e a segurança das missões de exploração robótica do espaço.

A exploração robótica do espaço tem um futuro empolgante e repleto de possibilidades. As perspectivas para essa atividade incluem novas missões para outros planetas, a utilização de robôs em exploração comercial do espaço e o desenvolvimento de tecnologias robóticas mais avançadas. À medida que a tecnologia avança, podemos esperar ver robôs cada vez mais sofisticados e autônomos, permitindo que cientistas expandam nossa compreensão do espaço e abram caminho para vindouras explorações humanas.

Em um futuro próximo, missões robóticas a estrelas distantes e planetas alienígenas revolucionarão nossa compreensão do universo e potencialmente descobrirão novas formas de vida. Utilizando avanços tecnológicos em propulsão, IA e comunicação, sondas robóticas altamente sofisticadas e adaptáveis seriam lançadas em jornadas que durariam décadas ou até mesmo séculos. Essas sondas seriam capazes de navegar pelo espaço interestelar, ajustando suas trajetórias com base em informações em tempo real, coletadas por seus sensores avançados e processadas por suas inteligências artificiais a bordo.

Ao chegarem aos sistemas estelares de interesse, esses exploradores robóticos analisariam cuidadosamente os planetas e suas luas, procurando por sinais de água líquida, atmosferas adequadas e outros indicativos de habitabilidade. Eles coletariam amostras e estudariam a composição química dos corpos celestes, transmitindo informações valiosas de volta à Terra. Em alguns casos, poderiam até mesmo ser projetados para realizar experimentos de astrobiologia *in situ*, procurando sinais de vida em potencial.

Essas missões robóticas pioneiras abririam caminho para futuras missões tripuladas e eventualmente para a colonização do espaço por seres humanos. Com a exploração de outras estrelas e planetas alienígenas, a humanidade daria um salto gigantesco no conhecimento e na compreensão do cosmos, aproximando-nos ainda mais da resposta à eterna pergunta: estamos sós no universo?

ÉTICA NA EXPLORAÇÃO ROBÓTICA DO ESPAÇO

É importante considerar as implicações éticas da exploração robótica do espaço, incluindo a responsabilidade pelos danos causados por robôs e a necessidade de considerar questões éticas ao tomar decisões em missões de exploração robótica.

Um dos principais desafios éticos na exploração robótica do espaço é a responsabilidade pelos danos causados por robôs. Como eles se tornam cada vez mais autônomos e realizam tarefas cada vez mais complexas, é importante considerar quem é responsável se algo der errado. Por exemplo, se um robô causar danos a uma nave espacial ou a um satélite, quem é responsável pelo reparo? Como a responsabilidade deve ser distribuída entre os fabricantes, operadores e usuários dos robôs?

Além disso, a exploração robótica do espaço levanta questões éticas sobre como tomar decisões em missões de exploração robótica. Como robôs se tornam mais autônomos, podem ser chamados a tomar decisões importantes sem intervenção humana, por exemplo, sobre onde explorar, o que coletar e o que analisar. É importante que essas decisões sejam tomadas considerando as implicações éticas de longo prazo. Por exemplo, a coleta de amostras, em um ambiente alienígena, pode ter implicações significativas para a saúde desse ambiente e para qualquer vida potencial que possa existir ali.

Outra questão ética importante é a necessidade de levar em conta o impacto das missões de exploração robótica do espaço no meio ambiente. Como robôs são usados para explorar outros planetas e luas, é importante garantir que essas missões não prejudiquem ou contaminem esses ambientes. Isso pode incluir medidas de precaução, como a esterilização completa de robôs antes das missões e a criação de diretrizes éticas para evitar danos ao meio ambiente em outros planetas.

ROBÔS A CAMINHO DAS ESTRELAS

Ao longo das eras, a humanidade tem olhado para as estrelas com espanto e reverência. Com nossos olhos sempre voltados para o céu, em busca de respostas e de um lugar entre as estrelas, temos lançado naves não tripuladas em direção ao espaço interestelar. Em uma tapeçaria de tempo e tecnologia, essas missões exploram o cosmos e desvendam os mistérios do vasto vazio além do nosso alcance.

A viagem interestelar começou com a lendária Voyager 1, lançada em 1977, seguida pela Voyager 2, no mesmo ano. Essas naves irmãs, com suas mensagens gravadas em discos de ouro, foram enviadas com o propósito de explorar os planetas do nosso Sistema Solar e, finalmente, adentrar o espaço interestelar. A Voyager 1 ultrapassou a fronteira do Sistema Solar, em 2012, tornando-se o primeiro objeto humano a entrar no espaço interestelar. Já a Voyager 2, em 2018, seguiu os passos de sua irmã. Ambas carregam consigo a esperança de que nossas mensagens possam ser encontradas por seres inteligentes em outras estrelas, levando um pedaço da humanidade ao vazio cósmico.

Em 2006, a New Horizons foi lançada com o objetivo principal de explorar Plutão e seus satélites, oferecendo aos cientistas uma visão única desse mundo distante e enigmático. Após cumprir sua missão em 2015, a sonda continuou sua jornada além do Sistema Solar, em direção ao espaço interestelar, onde agora investiga objetos do Cinturão de Kuiper e estuda o ambiente cósmico além da heliosfera.

Enquanto essas missões exploram o espaço interestelar, outras sondas, como a Kepler e a TESS, observam as estrelas em busca de exoplanetas, aqueles mundos que orbitam estrelas além do nosso Sol. Essas missões, com o telescópio espacial James Webb, lançado em 2021, têm como objetivo buscar a possibilidade de vida em outros sistemas solares e aumentar nosso conhecimento sobre a formação e evolução de planetas e estrelas.

Cada uma dessas naves espaciais viaja em direção ao desconhecido, levando consigo a curiosidade e o espírito inquisitivo da humanidade. À medida que se aproximam de suas estrelas-alvo, como Alpha Centauri, Proxima Centauri e outras, enviam informações valiosas sobre o espaço interestelar e a natureza do cosmos.

As viagens dessas naves pelo espaço interestelar podem levar milhares, ou mesmo milhões, de anos. Porém, enquanto elas avançam em direção às estrelas, carregam consigo nossos sonhos, nossas esperanças e nosso desejo inabalável de explorar e entender o universo ao nosso redor, pois é nas profundezas do espaço que encontramos a verdadeira essência do que significa ser humano: a busca incessante pelo conhecimento, a capacidade de se maravilhar diante do desconhecido e a vontade de estender nossas mãos e tocar as estrelas.

A INTELIGÊNCIA ARTIFICIAL E O FUTURO DA EXPLORAÇÃO ESPACIAL — UMA PERSPECTIVA CÓSMICA

Se eu pudesse ver o futuro e conhecer os avanços científicos e tecnológicos que estão por vir, talvez eu encontrasse a IA desempenhando um papel cada vez mais significativo na exploração humana do espaço.

Como cientista e escritor, sempre fui fascinado pela imensidão do cosmos e pela busca incessante do conhecimento humano. Agora, no século XXI, nossa espécie está dando um salto evolutivo gigantesco, impulsionado pelo desenvolvimento de máquinas inteligentes com potencial de nos levar muito além do que já alcançamos.

A IA está rapidamente se tornando uma ferramenta essencial em nossa jornada cósmica, ajudando-nos a decifrar os mistérios do universo e a superar os limites de nossa capacidade física e cognitiva. De certa forma, podemos considerá-la um companheiro intelectual em nossa viagem pelo espaço — uma parceria simbiótica entre máquinas e humanos, trabalhando juntos para alcançar objetivos antes inimagináveis.

Seu papel na Exploração Espacial é vasto e diversificado, abrangendo desde o processamento de grandes volumes de dados astronômicos até a concepção de sistemas de navegação autônomos que podem nos guiar por lugares distantes e inexplorados do cosmos. Já estamos utilizando algoritmos de aprendizado de máquina para identificar exoplanetas, analisar sinais astrofísicos e prever fenômenos cósmicos com uma precisão sem precedentes.

A IA também pode nos ajudar a enfrentar os desafios logísticos e práticos da Exploração Espacial. Por exemplo, o desenvolvimento de robôs e sistemas autônomos permitirá a construção de habitats extraterrestres, a extração de recursos e a realização de experimentos científicos em ambientes hostis. Isso, por sua vez, abrirá caminho para a colonização humana de outros mundos, uma etapa crucial na evolução de nossa espécie como seres verdadeiramente cósmicos.

Talvez o aspecto mais fascinante da IA seja sua capacidade de nos auxiliar na busca por vida extraterrestre. Ela pode analisar dados de radioastronomia e biosignaturas químicas para identificar sinais de vida em mundos distantes. Além disso, pode ser um componente crucial nas futuras missões interestelares, em que os humanos e as máquinas podem unir forças para investigar a existência de outras civilizações inteligentes.

Contudo, como em qualquer avanço científico e tecnológico, ela traz consigo questões éticas e filosóficas. À medida que nos aproximamos da criação de uma inteligência artificial verdadeiramente autônoma e consciente, devemos refletir sobre o que significa ser humano e qual é o nosso papel no universo. Será que a IA nos forçará a confrontar nossa insignificância cósmica ou nos elevará a novos patamares de autoconhecimento e compreensão?

De qualquer forma, ela tem o potencial de mudar fundamentalmente a maneira como exploramos e habitamos o cosmos. A IA pode ser vista como um catalisador para nossa evolução no espaço, permitindo-nos superar limitações que antes nos impediam de alcançar as estrelas. Se abraçarmos essa tecnologia com sabedoria e responsabilidade, ela poderá nos impulsionar em direção a um futuro em que os seres humanos coexistem com máquinas inteligentes, expandindo nossa presença e influência em todo o universo.

À medida que nos aventurarmos mais profundamente no espaço, enfrentaremos desafios que testarão nossa resiliência e adaptabilidade. A IA pode nos dar soluções e informações valiosas que, de outra forma, seriam inacessíveis. Conforme enfrentamos as dificuldades, nossa espécie pode crescer e evoluir, não apenas em termos tecnológicos, mas também em nossa compreensão de nós mesmos e do nosso lugar no cosmos.

É importante lembrar que, como exploradores do espaço, temos a responsabilidade de tratar nossa tecnologia e os mundos que encontramos com respeito e cuidado. Ao adentrar o cosmos e desenvolver a IA, devemos buscar o equilíbrio entre o desejo humano de descobrir e a preservação dos ambientes naturais e potencialmente habitáveis que encontramos.

Nesse contexto, a IA pode nos ajudar a desenvolver uma abordagem mais ética e sustentável para a Exploração Espacial, identificando práticas e tecnologias que minimizem nosso impacto e permitam a coexistência harmoniosa entre humanos, máquinas e outros seres vivos que possamos encontrar em nossa jornada pelo espaço.

No final, a integração da IA em nossa exploração cósmica pode nos levar a um futuro mais brilhante e inspirador, pois ela pode ser a chave para destravar os segredos do universo, ampliando nossos horizontes e possibilitando a expansão da humanidade pelo cosmos. Ao abraçar a IA como uma extensão de nós mesmos, podemos dar um passo adiante na grande jornada humana rumo às estrelas e, possivelmente, à compreensão de nossa verdadeira natureza e lugar no vasto palco cósmico.

Em um universo tão vasto e misterioso, é nosso dever, como seres conscientes, buscar conhecimento e sabedoria, explorar o desconhecido e nos esforçar para compreender nosso papel na grande tapeçaria cósmica. Tendo a IA como nossa aliada, podemos nos aventurar ainda mais profundamente no espaço, expandindo nossa perspectiva e, talvez até mesmo, encontrando nossos irmãos cósmicos, unindo-nos em uma comunidade interestelar de mentes curiosas e em busca de conhecimento.

O IMPACTO DA EXPLORAÇÃO ESPACIAL NA CIÊNCIA E NA TECNOLOGIA

Além do deslumbramento e fascínio que a Exploração Espacial pode causar em nossas mentes, há um benefício prático tangível: a tecnologia derivada dessa exploração pode melhorar a vida das pessoas em todo o mundo.

Uma das tecnologias mais conhecidas que surgiram da Exploração Espacial é o Sistema de Posicionamento Global (GPS). Ele foi desenvolvido originalmente para aprimorar a navegação espacial, mas hoje em dia é usado em todos os tipos de dispositivos, desde carros até smartphones. O GPS funciona ao determinar a posição de um dispositivo por meio de sinais de satélite, permitindo que os usuários naveguem com precisão e cheguem ao seu destino. Ele é tão preciso que pode rastrear movimentos de frações de segundo e milímetros, o que o torna um componente vital para muitas indústrias, como transporte, aviação e agricultura.

Outra tecnologia derivada da Exploração Espacial é a de imagem médica. A exploração do espaço levou ao desenvolvimento de técnicas de imagem sofisticadas, que foram aplicadas na medicina para ajudar a identificar doenças e lesões. A tecnologia de imagem médica permite aos médicos visualizar o interior do corpo humano sem a necessidade de cirurgia invasiva, como raio-X, tomografia computadorizada e ressonância magnética. Essa tecnologia também é usada em aplicações de diagnóstico veterinário e é uma ferramenta valiosa para a saúde humana e animal.

Além disso, a Exploração Espacial contribuiu para o desenvolvimento de materiais avançados, como os metais leves usados na construção de aeronaves e carros, bem como a fibra de carbono usada em equipamentos esportivos de alta performance e na indústria aeroespacial. Esses materiais são mais resistentes e mais leves do que os convencionais, o que os torna ideais para uma ampla gama de aplicações.

Outra tecnologia derivada da Exploração Espacial é a comunicação por satélite, que revolucionou as comunicações em todo o mundo. Os satélites de comunicação orbitam a Terra e são usados para transmitir sinais de telefone, televisão e internet. Isso tem sido especialmente útil para conectar áreas remotas e melhorar a comunicação em tempos de desastres naturais ou emergências.

A Exploração Espacial também tem contribuído para o desenvolvimento de tecnologias que ajudam a proteger o meio ambiente, como a detecção de vazamentos de petróleo e o monitoramento de mudanças climáticas. As tecnologias de detecção remota por satélite permitem que os cientistas monitorem a Terra a partir do espaço e obtenham informações valiosas sobre o clima, o solo e a vegetação, o que os ajuda a entender as mudanças ambientais e a desenvolver soluções para problemas ambientais globais.

Além dessas tecnologias específicas, a Exploração Espacial tem impulsionado o desenvolvimento de muitas outras tecnologias que impactam nossas vidas diárias. Por exemplo, a pesquisa de tecnologia de bateria e energia solar avançada para espaçonaves foi aplicada no desenvolvimento de baterias mais eficientes e sistemas de energia solar para uso em residências, empresas e indústrias. As tecnologias de microeletrônica e microprocessadores desenvolvidas para satélites e naves espaciais têm sido aplicadas na criação de smartphones, computadores e outros dispositivos eletrônicos que usamos todos os dias.

É impressionante pensar em quantas tecnologias usamos atualmente que foram desenvolvidas como resultado da Exploração Espacial. Desde o GPS no carro até o smartphone, passando por tecnologias médicas e comunicações, a Exploração Espacial deixou um legado duradouro na forma como vivemos e trabalhamos.

Em síntese, a Exploração Espacial exerce um impacto imensurável em nossas vidas, indo muito além da mera descoberta do universo; tem sido um catalisador no desenvolvimento de tecnologias revolucionárias que aprimoraram a vida de milhões de pessoas ao redor do mundo. À medida que os humanos colonizarem o espaço, as perspectivas futuras para o desenvolvimento de tecnologias serão ainda mais promissoras, abrindo portas para inovações inimagináveis.

AVANÇOS EM EXPLORAÇÃO PLANETÁRIA

Nos últimos anos, temos visto muitos avanços na exploração planetária, que nos levaram a descobertas incríveis e aumentaram nossa compreensão do universo. Um dos mais significativos é o estudo de

Marte. O planeta mais parecido com a Terra em nosso Sistema Solar, há muito tempo, é um foco importante para a exploração planetária. Recentemente, as missões robóticas para Marte se tornaram mais avançadas e ambiciosas. A NASA, em particular, tem sido pioneira em enviar missões, incluindo a Mars Curiosity e a Mars Perseverance.

A missão Mars Perseverance é especialmente notável por causa de seus objetivos de pesquisa ambiciosos. Ela inclui um helicóptero autônomo, que realizará voos experimentais, e um instrumento avançado para análise de amostras de solo e rocha, além do primeiro experimento que produzirá oxigênio a partir da atmosfera marciana. Com esses avanços, a missão Mars Perseverance tem o potencial de expandir significativamente nossa compreensão de Marte e de como ele se compara à Terra.

A exploração planetária também tem avançado em outras áreas. As missões para estudar as luas de Júpiter e Saturno, como Europa e Enceladus, podem descobrir evidências de vida além da Terra. Elas também estão investigando os mistérios das camadas atmosféricas e estruturas geológicas desses planetas e luas.

Outro avanço na exploração planetária é o desenvolvimento de técnicas avançadas de coleta de amostras, as quais permitem que as sondas coletem amostras de solo, rochas e atmosferas dos planetas e luas para análise posterior. Essas amostras são vitais para a compreensão da história do sistema solar e para a detecção de sinais de vida extraterrestre. Além disso, a análise de dados coletados por sondas, telescópios e outros instrumentos está se tornando cada vez mais sofisticada, permitindo uma compreensão mais profunda das características dos planetas e luas.

É fundamental ressaltar que a exploração planetária traz benefícios práticos e tangíveis para a humanidade. A tecnologia desenvolvida para a Exploração Espacial, como materiais avançados, técnicas de propulsão e comunicação, tem aplicação em diversas áreas, como aeroespacial, médica e militar. Além disso, a exploração planetária pode impulsionar avanços no desenvolvimento de energia limpa e sustentável. No futuro, podemos esperar o uso de tecnologias como a IA, a impressão 3D e a nanotecnologia para aprimorar ainda mais nossas capacidades de exploração e colonização espacial, bem como para melhorar a qualidade de vida e a sustentabilidade em nosso próprio planeta.

DESENVOLVIMENTO DE PROPULSÃO ESPACIAL AVANÇADA

Em um universo vasto e infinito, as estrelas cintilam como pérolas no manto da noite, convidando a humanidade a desvendar seus mistérios. Uma das maiores provações enfrentadas pelos exploradores das estrelas é o desenvolvimento de tecnologias avançadas de propulsão, vitais para o sucesso de missões espaciais e para a realização de feitos científicos em órbita terrestre. A propulsão espacial, como um coração pulsante, alimenta nossa busca por conhecimento e nos impulsiona em direção a mundos desconhecidos.

Hoje, motores de foguetes guiam-nos pelos confins do espaço, queimando combustíveis e expelindo gases quentes para criar a força de empuxo necessária para nossas naves. Porém, como as velas que impulsionavam nossos ancestrais pelos mares, esses motores têm suas limitações. São pesados, ineficientes e incapazes de alcançar as velocidades necessárias para missões distantes, como levar a humanidade em uma odisseia até Marte.

Em meio à vastidão cósmica, pesquisadores e engenheiros buscam tecnologias que nos permitam atravessar a escuridão estelar com maior eficiência. A propulsão a plasma, um feixe de partículas carregadas aceleradas por campos elétricos e magnéticos, surge como uma promessa de velocidades mais altas e viagens de longa distância. A propulsão iônica também traz esperança ao coração dos sonhadores, utilizando íons para criar empuxo e permitir jornadas mais rápidas.

Enquanto olhamos para o futuro, vislumbramos novos tipos de combustíveis que alimentam nossos foguetes e nos levam a alturas cada vez maiores. Hidrogênio e oxigênio líquidos tornam os motores de foguetes mais eficientes e menos poluentes, além de possibilitarem a produção a partir de fontes renováveis, como a energia solar.

Materiais avançados, como fibra de carbono e nanomateriais, podem criar motores mais leves e resistentes, reduzindo o peso das naves e aumentando sua eficiência energética. Em nosso anseio pelo desconhecido, exploramos fontes de energia alternativas, como a solar e a nuclear, que podem ser usadas para alimentar sistemas de propulsão elétrica e motores nucleares de foguetes.

No entanto, nessa busca pelo domínio do cosmos, enfrentamos inúmeros desafios. O alto custo de pesquisa, o desenvolvimento de novas tecnologias e a preocupação com a segurança são obstáculos a serem superados. Contudo, o desenvolvimento de propulsão espacial avançada pode revolucionar a Exploração Espacial e transformar nossa compreensão do universo.

Viagens mais rápidas e eficientes pelo espaço podem levar a descobertas importantes em áreas, como Astrobiologia, Física e Astronomia. A exploração de novas fontes de energia pode ter implicações significativas para a sustentabilidade e segurança da Exploração Espacial. Unidos na busca por um maior entendimento do universo e de nosso lugar nele, podemos alcançar avanços notáveis em nossa compreensão da natureza e do cosmos.

As viagens mais rápidas e eficientes pelo espaço podem nos permitir alcançar planetas e estrelas mais distantes e inexplorados do que nunca, o que pode levar a descobertas emocionantes sobre a vida extraterrestre e a história do universo. Além disso, a exploração de novas fontes de energia pode nos ajudar a superar os desafios técnicos e financeiros da Exploração Espacial e torná-la mais acessível e segura para os astronautas e futuros humanos que se aventurarem pelas estradas cósmicas.

AVANÇOS EM TECNOLOGIAS DE SATÉLITES

A Exploração Espacial nos trouxe muitas coisas incríveis, entre elas um desenvolvimento tecnológico inimaginável em outras épocas. Um exemplo é a criação de satélites artificiais, que se tornaram essenciais para a vida moderna como a conhecemos hoje. Esses dispositivos estão constantemente orbitando nosso planeta, fornecendo comunicação, navegação, previsão do tempo e muitos outros serviços cruciais para nossa existência em sociedade.

Os satélites artificiais para comunicação são particularmente vitais, uma vez que nos permitem nos conectar com outras pessoas e lugares ao redor do mundo. Eles tornaram a internet, telefonia celular, TV via satélite e muitos outros serviços possíveis e são a razão pela qual podemos falar com alguém do outro lado do planeta em questão de segundos, ou assistir a transmissões ao vivo de eventos ocorrendo em lugares distantes.

À medida que a humanidade avança na exploração do espaço, a necessidade de satélites de comunicação mais revolucionários se torna mais crucial. Quando a humanidade se espalhar pelo Sistema Solar e, eventualmente, colonizar outras estrelas, os satélites artificiais serão a principal maneira de manter a comunicação entre esses lugares distantes. Eles serão a diferença entre o sucesso e o fracasso dessas missões espaciais, portanto devem ser desenvolvidos com cuidado e atenção.

Serão necessárias tecnologias avançadas e inovadoras para superar os desafios únicos da comunicação interplanetária, o que inclui o uso de lasers para transmitir informações a distâncias incrivelmente longas, bem como o desenvolvimento de satélites mais robustos e resistentes para suportar as condições extremas do espaço.

Desse modo, os satélites artificiais para comunicação são fundamentais para nossa existência moderna e serão ainda mais essenciais conforme a humanidade avançar na exploração do espaço. O desenvolvimento contínuo de tecnologias inovadoras em satélites de comunicação será crucial para garantir o sucesso da Exploração Espacial futura. Portanto, é fundamental que continuemos a investir nesse campo em constante evolução para garantir um futuro de sucesso para a humanidade no cosmos.

IMPACTO NA INDÚSTRIA ESPACIAL

Na atualidade a exploração do espaço já tem um impacto significativo na indústria espacial, permitindo o crescimento do turismo espacial e da exploração comercial do espaço. Desde os primeiros voos espaciais, na década de 1960, tem havido um interesse crescente por esse tipo de viagem. Com avanços na tecnologia espacial, esses sonhos estão se tornando realidade.

O turismo espacial é uma das áreas mais promissoras da indústria espacial. Com o aumento do número de empresas privadas envolvidas na Exploração Espacial, esse tornou-se uma possibilidade real. A Virgin Galactic, por exemplo, está desenvolvendo um avião espacial comercial que levará turistas ao espaço suborbital. A SpaceX também planeja oferecer voos turísticos ao redor da Lua em um futuro próximo. Esses avanços estão tornando a viagem espacial acessível a um número maior de pessoas e podem ter implicações significativas para o turismo, a economia e a cultura.

Além do turismo espacial, a exploração comercial do espaço é outra área em crescimento. Empresas, como a SpaceX, a Blue Origin e a Virgin Galactic, estão trabalhando em iniciativas de mineração espacial e construção de bases espaciais. A mineração espacial envolve a extração de recursos valiosos, como água e metais, de asteroides e outros corpos celestes, o que pode ter consequências para a economia global. A construção de bases espaciais, por sua vez, pode permitir a exploração e o estabelecimento de colônias em outros planetas, como Marte.

A exploração do espaço também tem implicações consideráveis para outras indústrias, como a aviação e a tecnologia. Por exemplo, a NASA tem trabalhado em tecnologias de aeronaves de alta velocidade e alta altitude, que podem ser usadas em voos comerciais e militares. Além disso, muitas tecnologias desenvolvidas para uso em missões espaciais, como materiais leves e resistentes, tecnologias de energia solar e sistemas de computação avançados, têm aplicações significativas em outras áreas.

No entanto, a indústria espacial enfrenta desafios importantes. O alto custo de desenvolvimento e lançamento de tecnologias espaciais é uma barreira para muitas empresas, e a falta de regulamentação, em algumas áreas da indústria, pode criar riscos de segurança. Além disso, a Exploração Espacial é uma atividade de alto risco, e muitas empresas ainda estão trabalhando para desenvolver tecnologias seguras e confiáveis para uso em missões espaciais.

À medida que a Exploração Espacial se expande, podemos esperar que novas empresas e indústrias surjam para atender à crescente demanda por viagens interplanetárias, exploração de outros corpos celestes e, eventualmente, colonização de outras estrelas. Essas empresas e indústrias podem se concentrar em áreas, como fabricação de naves espaciais, turismo espacial, mineração em asteroides e muitas outras.

Embora a Exploração Espacial esteja em sua infância, é emocionante pensar o que o futuro nos reserva. Conforme a tecnologia avança, e novas descobertas são feitas, podemos esperar um mundo em que a Exploração Espacial não é apenas uma possibilidade, mas uma realidade viável e lucrativa. Estamos entrando em uma nova era na exploração do espaço, e apenas o tempo dirá o quão longe a humanidade pode chegar.

PAPEL DA EXPLORAÇÃO ESPACIAL NA INOVAÇÃO TECNOLÓGICA

Desde os primeiros voos espaciais, na década de 1960, houve uma ampla gama de avanços em tecnologias espaciais que tem consequências importantes em outras áreas da ciência e da tecnologia.

Um dos principais benefícios da Exploração Espacial é a inovação tecnológica. A pesquisa e o desenvolvimento de tecnologias espaciais têm levado a avanços significativos em áreas, como medicina, materiais avançados e robótica. Por exemplo, a tecnologia de imagem médica, como a ressonância magnética (MRI, sigla em inglês) e a tomografia computadorizada (CT, sigla em inglês), foi desenvolvida, em grande parte, devido à necessidade de monitorar a saúde dos astronautas no espaço. A robótica também tem sido usada na Exploração Espacial, permitindo a realização de tarefas perigosas e complexas em ambientes hostis, com aplicações em outras áreas, como a indústria automotiva e a saúde.

Além disso, a exploração do espaço tem levado a avanços consideráveis em materiais avançados. A necessidade de materiais leves e resistentes para uso em foguetes e outros veículos espaciais levou ao desenvolvimento de materiais avançados, como o Kevlar e o titânio, que têm aplicações em outras áreas, como na construção de aviões e automóveis.

Outra área afetada pela Exploração Espacial é a da tecnologia de energia. A pesquisa em energia solar e outras fontes de energia alternativas tem sido impulsionada, em grande parte, pela necessidade de alimentar sistemas de propulsão e outros equipamentos no espaço. Essa pesquisa tem levado a avanços significativos em tecnologias de armazenamento de energia, painéis solares e outros sistemas de energia renovável.

Além dos avanços em tecnologias específicas, a exploração do espaço tem implicações na cultura científica e tecnológica. A exploração do espaço inspira e motiva pessoas em todo o mundo a se envolverem com a ciência e a tecnologia; também incentiva a colaboração internacional e a cooperação entre países, promovendo a compreensão mútua e a paz mundial.

A Exploração Espacial é um campo em constante evolução, com avanços notáveis sendo feitos todos os dias. À medida que a humanidade se aventura no espaço, novas tecnologias são desenvolvidas para tornar essas missões possíveis, porém elas não só são úteis no espaço, como também podem trazer benefícios consideráveis para a Terra e para os humanos espaciais.

Por exemplo, a tecnologia de reciclagem de água e ar desenvolvida para uso em estações espaciais pode ser usada para ajudar a enfrentar problemas ambientais na Terra. Além disso, o desenvolvimento de tecnologias avançadas para a produção de alimentos em ambientes hostis do espaço pode ajudar a combater a fome em regiões carentes de recursos.

No entanto, a Exploração Espacial ainda enfrenta desafios. O alto custo de desenvolvimento e lançamento de tecnologias espaciais é uma barreira para muitas empresas e governos, assim como a falta de regulamentação em algumas áreas da indústria pode criar riscos significativos de segurança. Ademais, a exploração do espaço é uma atividade de alto risco, e muitas empresas ainda estão trabalhando para desenvolver tecnologias seguras e confiáveis para uso em missões espaciais. Portanto, é fundamental que continuemos a investir em pesquisa e desenvolvimento para garantir que a Exploração Espacial possa ser realizada de forma segura e sustentável para benefício da humanidade como um todo.

A EXPLORAÇÃO ESPACIAL COMO UMA FORÇA UNIFICADORA PARA A HUMANIDADE

É com grande prazer que, nas próximas páginas, falarei sobre um tópico crucial para o sucesso da Exploração Espacial: o compartilhamento de recursos e conhecimento. A exploração do espaço muitas vezes envolve a colaboração entre diferentes países e organizações, e é importante discutir como esse compartilhamento pode ajudar a superar desafios complexos e criar um senso de unidade entre os envolvidos.

A exploração do espaço é uma tarefa difícil e cara; muitos países e organizações não têm os recursos ou a capacidade para realizar missões espaciais por conta própria, o que torna a colaboração internacional crucial para o sucesso da Exploração Espacial. Quando países e organizações trabalham juntos, podem dividir os custos e riscos associados à Exploração Espacial, além de compartilhar conhecimentos e experiências.

Esse compartilhamento é fundamental para a Exploração Espacial. Por exemplo, o acesso a instalações e equipamentos de lançamento é vital para o sucesso de missões espaciais. Países e organizações que possuam esses recursos podem compartilhá-los com os que não possuem, ajudando a expandir a capacidade global de lançamento.

O compartilhamento de conhecimento também pode ajudar a superar obstáculos complexos na exploração do espaço. A Exploração Espacial envolve tecnologias avançadas e conhecimentos especializados em várias áreas, incluindo física, engenharia, ciência e gerenciamento de projetos. Ao compartilhar conhecimentos e experiências, os países e as organizações podem trabalhar juntos para superar esses desafios e desenvolver soluções inovadoras para problemas complexos.

O compartilhamento de recursos e conhecimento também pode ajudar a criar um senso de unidade entre os envolvidos na Exploração Espacial. A exploração do universo é uma tarefa ambiciosa e emocionante, e trabalhar juntos em direção a esse objetivo pode criar um sentimento de camaradagem e cooperação entre as nações.

No entanto, essa troca pode enfrentar problemas políticos e econômicos, como diferenças culturais, divergências nas prioridades nacionais e barreiras comerciais. É importante que as nações trabalhem juntas para superar esses obstáculos e maximizar os benefícios do compartilhamento de recursos e conhecimento.

A exploração do espaço é uma força unificadora da humanidade, e isso tem sido comprovado no passado e continuará a ser no futuro. Desde as primeiras missões tripuladas à Lua até a construção da Estação Espacial Internacional, a exploração do espaço tem sido um esforço conjunto de muitos países e culturas diferentes. Essa cooperação internacional é essencial para o sucesso da Exploração Espacial e é um exemplo do que a humanidade pode alcançar quando trabalha junta por um objetivo comum.

No futuro, à medida que a humanidade se espalhar pelas vizinhanças cósmicas, não existirão mais fronteiras e diferenças ideológicas entre humanos. A exploração do espaço pode unir a humanidade em um esforço conjunto para buscar novos horizontes e conquistar novas fronteiras, unidos pelo desejo de compreender o universo em que vivemos. Essa união pode trazer benefícios incríveis à humanidade, como novas tecnologias, avanços científicos e um entendimento mais profundo do nosso lugar no cosmos.

COOPERAÇÃO INTERNACIONAL

A Exploração Espacial é uma das tarefas mais difíceis e ambiciosas que a humanidade já empreendeu, pois requer habilidades e conhecimentos especializados em várias áreas, como engenharia, ciência e gerenciamento de projetos. A exploração do universo também requer o uso de tecnologias avançadas e caras, o que significa que muitos países e organizações não têm os recursos necessários para realizar missões espaciais por conta própria. Isso torna a cooperação internacional fundamental para o sucesso da Exploração Espacial.

A cooperação em projetos espaciais pode ajudar a criar laços entre países e organizações, incentivando a colaboração em outras áreas. Quando trabalham juntos na exploração do espaço, eles constroem relações de confiança e respeito mútuo. Essas relações podem se estender para além do espaço, incentivando a colaboração em outras áreas, como o comércio, a segurança e a ciência. A cooperação em projetos espaciais pode, portanto, ser vista como um catalisador para a cooperação internacional em outras áreas.

Além disso, a Exploração Espacial pode ajudar a resolver problemas globais, como mudanças climáticas e segurança alimentar, incentivando a cooperação internacional. Ao compartilhar conhecimentos e experiências, os países e as organizações podem trabalhar juntos no desenvolvimento de soluções inovadoras para problemas complexos que afetam todos.

Antes de a humanidade poder empreender uma nova aventura para colonizar o espaço, é importante reconhecer que ainda temos muitos problemas aqui na Terra. A cooperação internacional será fundamental para resolvê-los, e precisamos trabalhar juntos para resolver questões, como a desigualdade, a pobreza, a violência e as mudanças climáticas. À medida que trabalhamos para construir uma sociedade mais justa e sustentável, podemos nos preparar melhor para a exploração do espaço.

Contudo, para que essa cooperação internacional atinja um novo patamar, precisamos superar as divisões e diferenças que nos separaram. Precisamos evoluir para uma nova forma de pensamento, em que reconhecemos que somos todos humanos, independentemente de onde nascemos ou de nossa aparência. Precisamos deixar para trás as fronteiras artificiais e as ideologias que nos separam e trabalhar juntos em prol do bem comum. Somente assim poderemos nos preparar adequadamente para a exploração do espaço e garantir um futuro próspero para a humanidade no cosmos.

DESENVOLVIMENTO DE PADRÕES GLOBAIS

A exploração do espaço requer a criação de padrões comuns e regulamentações internacionais que garantam que as atividades espaciais sejam realizadas de maneira responsável e segura.

A exploração do universo é uma tarefa complexa e desafiadora, que envolve tecnologias avançadas e conhecimentos especializados em várias áreas. A fim de garantir que seja realizada de maneira responsável, é necessário estabelecer padrões e regulamentações internacionais para guiar as atividades, como normas para o lançamento e a operação de satélites, a proteção da órbita terrestre baixa e a mitigação de detritos espaciais.

A colaboração internacional é fundamental para o desenvolvimento de padrões e regulamentações internacionais para a Exploração Espacial, que é uma tarefa global, a qual envolve países e organizações em todo o mundo. Ao trabalhar juntos, os países e as organizações podem criar padrões comuns que garantam a segurança e a sustentabilidade das atividades espaciais.

Além disso, o desenvolvimento de padrões internacionais para a Exploração Espacial pode ter benefícios significativos em outras áreas, como o comércio e a segurança. Padrões comuns para o lançamento e a operação de satélites podem ajudar a criar um mercado global para esses serviços, incentivando a cooperação internacional e o comércio. O desenvolvimento de padrões para a proteção da órbita terrestre baixa e a mitigação de detritos espaciais pode ajudar a garantir a segurança das atividades espaciais e a proteger a infraestrutura crítica que depende desses serviços.

Para isso, será preciso enfrentar desafios políticos e econômicos, como divergências nas prioridades nacionais e barreiras comerciais. As nações devem trabalhar juntas para superá-los e criar padrões comuns que garantam a segurança e a sustentabilidade das atividades espaciais.

Antes de os humanos colonizarem outros mundos, é crucial que tenhamos uma cultura global unificada e uma regulamentação clara. Olhando para o passado, vemos muitos exemplos de invasões desastrosas e destrutivas, como as colonizações europeias das Américas e a exploração colonial da África e Ásia. Esses eventos trágicos nos ensinam a importância de garantir que a Exploração Espacial seja conduzida de maneira civilizada e segura, respeitando os direitos e a integridade dos mundos explorados.

Uma cultura global unificada é essencial para garantir que todas as nações e povos do mundo estejam representados na Exploração Espacial e que todas as vozes sejam ouvidas e consideradas. Além disso, precisamos de uma regulamentação clara que oriente as atividades espaciais e garanta a segurança e a sustentabilidade das missões espaciais, o que inclui a proteção de corpos celestes contra a poluição e a preservação da integridade dos ecossistemas espaciais.

Ao trabalharmos juntos para desenvolver uma cultura global e uma regulamentação clara para a Exploração Espacial, podemos garantir que a exploração do espaço seja conduzida de maneira civilizada, segura e responsável. Então poderemos avançar na exploração de novos mundos e descobrir as muitas possibilidades que o universo tem a oferecer.

INSPIRAÇÃO E MOTIVAÇÃO

A Exploração Espacial pode inspirar as pessoas a se envolverem com a ciência, a tecnologia e a inovação. A exploração do universo é uma das tarefas mais complexas e ambiciosas que a humanidade já empreendeu, pois requer conhecimentos especializados em várias áreas, como física, engenharia, ciência e gerenciamento de projetos. Ao se envolver com a Exploração Espacial, as pessoas podem aprender sobre essas áreas e se inspirar a seguir carreiras em ciência, tecnologia, engenharia e matemática (STEM, sigla em inglês).

Além disso, a Exploração Espacial pode ser uma fonte de inovação, pois as tecnologias desenvolvidas muitas vezes têm aplicações práticas em outras áreas, como a medicina, a agricultura e a energia renovável. A Exploração Espacial pode, portanto, ser vista como uma fonte de inspiração e motivação para avanços em diferentes áreas.

Ela também pode inspirar as pessoas a pensar sobre nosso lugar no universo e nossa relação com o mundo. Ao contemplar a vastidão do espaço e nossa posição no cosmos, podemos ganhar uma nova perspectiva sobre nossa existência e nosso papel na vida. Isso pode inspirar as pessoas a se envolverem com questões maiores do que elas mesmas e a trabalhar para tornar o mundo um lugar melhor.

No entanto, a Exploração Espacial pode enfrentar obstáculos em termos de inspiração e motivação. Muitas pessoas podem não entender ou apreciar a importância da Exploração Espacial ou podem não ter acesso a informações precisas sobre o assunto. É importante que as nações trabalhem juntas para educar os indivíduos sobre a importância dessa atividade e sobre como ela pode levar a avanços significativos em diferentes áreas.

A exploração do espaço é uma fonte de inspiração em comum para todos os seres humanos, independentemente de onde vivem ou de suas culturas e conhecimentos. A busca pelo conhecimento e a exploração das maravilhas do universo têm a capacidade de unir a humanidade em um objetivo comum. Como vimos com as missões tripuladas à Lua e a construção da Estação Espacial Internacional, a Exploração Espacial pode reunir países e culturas diferentes para trabalhar em prol de um objetivo maior.

No futuro, podemos esperar que a exploração do espaço continue a inspirar e unir a humanidade em sua busca por novas descobertas e conquistas. À medida que avançamos em direção a uma cultura global unificada e a uma regulamentação clara para a Exploração Espacial, podemos garantir que a exploração do espaço seja conduzida de maneira responsável e segura. Ao fazê-lo, podemos abrir novas fronteiras de conhecimento e descoberta que beneficiarão a todos os seres humanos e nos ajudarão a entender melhor nosso lugar no universo.

PROMOVENDO A COMPREENSÃO MÚTUA

A Exploração Espacial pode ajudar a superar barreiras culturais e linguísticas, incentivando a cooperação e a colaboração entre pessoas de diferentes origens. A exploração do universo é uma tarefa global, que envolve países e organizações em todo o mundo. Ao trabalhar juntos, as pessoas constroem relações de confiança e respeito mútuo. Essas relações podem se estender para além do espaço, incentivando a cooperação em outras áreas, como o comércio, a segurança e a ciência. A exploração do espaço pode, portanto, ser vista como um meio de promover a compreensão mútua entre diferentes culturas e países.

Além disso, pode ajudar a promover a cooperação internacional em áreas de interesse comum, como a segurança global e a luta contra as mudanças climáticas. Ao trabalhar juntas na exploração do espaço, as nações podem construir uma base de confiança e colaboração que pode ser estendida para outras áreas de interesse comum. Isso pode levar a avanços significativos em áreas importantes para a humanidade.

Contudo, a Exploração Espacial pode enfrentar desafios em termos de promover a compreensão mútua. Diferenças culturais, divergências nas prioridades nacionais e barreiras linguísticas, por exemplo, podem ser obstáculos para a cooperação internacional. É importante que as nações trabalhem juntas para superá-los e promover a compreensão recíproca entre diferentes culturas e países.

A exploração do espaço pode ser um meio poderoso para promover a compreensão mútua entre diferentes culturas e países. À medida que trabalhamos juntos em missões espaciais e compartilhamos nossas descobertas, podemos aprender mais sobre as diferentes culturas e perspectivas em nosso mundo. Além disso, podemos encontrar soluções conjuntas para problemas que afetam todos, como a mudança climática e a escassez de recursos.

No futuro distante, se formos colonizar outros corpos celestes, fará sentido ter um idioma e uma bandeira compartilhados como símbolos de nossa unidade como seres humanos. Conforme avançamos em direção a uma cultura global unificada, podemos trabalhar para criar um idioma e uma bandeira que representem a humanidade como um todo, independentemente de onde venhamos ou de nossas diferenças culturais e nacionais. Esses símbolos compartilhados podem ajudar a unir a humanidade em nossas futuras aventuras no espaço, fortalecendo nossa compreensão mútua e nossos laços como seres humanos.

CONSCIENTIZAÇÃO AMBIENTAL

A Exploração Espacial pode ajudar a entender a importância da preservação e proteção do meio ambiente na Terra. Ao explorar o espaço, as pessoas podem ver nosso planeta a partir de uma perspectiva diferente e ganhar uma compreensão mais profunda da sua fragilidade e da necessidade de protegê-lo. Isso pode ajudar a criar uma maior conscientização sobre a importância da preservação do meio ambiente na Terra e incentivar iniciativas de conservação mais amplas.

Além disso, a Exploração Espacial pode ter implicações significativas para a compreensão do nosso impacto no meio ambiente, pois ao estudar o universo, podemos aprender sobre a evolução do nosso planeta e como as ações humanas o afetam. À medida que exploramos outros planetas e corpos celestes, podemos compreender mais profundamente a fragilidade do nosso e a importância de proteger e conservar seus recursos naturais. Além disso, podemos nos inspirar e tomar medidas mais amplas em prol da conservação ambiental, criando um senso de responsabilidade compartilhada pela saúde do nosso planeta, o que pode nos ajudar a tomar decisões informadas sobre como proteger o meio ambiente e reduzir nosso impacto nele.

Por outro lado, Exploração Espacial pode acarretar consequências negativas ao meio ambiente, se não fizermos de forma inteligente. As atividades podem gerar lixo espacial e poluir a órbita terrestre baixa, o que pode afetar o meio ambiente e a infraestrutura crítica que depende desses serviços. É importante que as nações trabalhem juntas para garantir que essas atividades sejam realizadas de maneira responsável e sustentável.

Mesmo que a humanidade um dia venha a colonizar outros mundos, a Terra continuará a ser nossa casa original e única. A proteção e preservação do meio ambiente aqui na Terra deve continuar sendo uma prioridade fundamental para a humanidade. Devemos trabalhar juntos para encontrar soluções sustentáveis aos desafios ambientais que enfrentamos, desde a mudança climática até a poluição e a perda de biodiversidade. Somente assim podemos garantir um futuro saudável e próspero para nosso planeta e todas as espécies que o habitam.

A IMPORTÂNCIA DA EXPLORAÇÃO DE MARTE

Em um universo repleto de mistérios e maravilhas, a humanidade se encontra à beira de uma nova era de descobertas, dando seus primeiros passos além dos confins do nosso lar celestial, a Terra. Nessa jornada épica em busca de conhecimento e iluminação, erguem-se diante de nós dois irmãos planetários: Marte e Vênus. Embora cada um deles seja dotado de características distintas, é Marte que se revela como nosso destino mais promissor, por suas condições ambientais que, comparadas às de Vênus, nos oferecem um vislumbre de um futuro possível entre as estrelas.

Marte, o planeta vermelho, acena a nós com sua beleza enigmática e desolada, desafiando-nos a desvendar seus segredos e a explorar suas terras áridas e solitárias. Em meio às dunas de areia e às escarpas escarpadas que pontilham sua superfície, surge a esperança de um dia transformar esse deserto em um novo lar para a humanidade. A conquista de Marte nos permitiria expandir nossa compreensão do cosmos e de nós mesmos, ao mesmo tempo que nos ofereceria a oportunidade de testar nossa resiliência, criatividade e engenhosidade.

Nesse ambiente inóspito, porém fascinante, vislumbramos indícios de que a vida pode ter existido em tempos remotos, quando água líquida ainda corria por suas veias. A exploração de Marte, portanto, nos convida a investigar a possibilidade de vida além da Terra, alimentando nossa curiosidade científica e nossa paixão por desvendar os mistérios do universo. O estudo do passado marciano e de seu clima pode nos fornecer pistas valiosas sobre as mudanças climáticas em nosso próprio planeta, assim como sobre as condições necessárias para a existência de vida em outros mundos.

Enquanto isso, Vênus, nosso vizinho mais próximo, embora encante com sua luminosidade no céu noturno, oculta sob sua atmosfera densa e opaca um inferno escaldante, com temperaturas suficientes para derreter chumbo e pressões esmagadoras que tornariam a exploração humana um desafio colossal. Marte, em contraste, apresenta um ambiente menos hostil, onde, embora enfrentemos baixas temperaturas e uma atmosfera rarefeita, a exploração e a eventual colonização parecem mais viáveis.

Ao escolher Marte como próximo destino na jornada cósmica, a humanidade se lança em uma odisseia rumo ao desconhecido, uma aventura sem precedentes que tem o poder de unir nosso espírito e nossa determinação em prol de um objetivo comum. Por meio da exploração desse planeta, buscaremos respostas às perguntas que nos assombram desde o início dos tempos: estamos sós no universo? Qual é o destino final da humanidade?

Ao cruzarmos o abismo interplanetário e pousarmos nossos pés no solo marciano, elevaremos a humanidade a um novo patamar de compreensão e realização. Será um marco histórico, um testemunho do poder do espírito humano e de sua capacidade de superar os desafios mais árduos em busca do conhecimento e da sobrevivência. Essa conquista, gravada nas páginas da história, servirá de inspiração para as gerações futuras, que seguirão nossos passos e se aventurarão ainda mais longe no cosmos, impulsionadas pelo mesmo desejo ardente de compreender o universo e nosso lugar nele.

Ao nos aventurarmos em Marte, caminharemos por um terreno inexplorado, desafiando as adversidades e criando oportunidades para a cooperação global e o avanço científico. Nesse novo mundo, aprenderemos a adaptar-nos a um ambiente alienígena e a desenvolver tecnologias que não apenas nos permitirão sobreviver, mas também prosperar e estabelecer uma presença duradoura nesse planeta distante.

Marte será nosso laboratório, onde testaremos os limites da engenhosidade humana e o potencial da vida para se adaptar e evoluir em condições extremas. Desenvolveremos novas técnicas de cultivo de alimentos e de geração de energia, assim como sistemas avançados de suporte à vida que nos permitirão estabelecer uma presença autossustentável no planeta vermelho.

A exploração do planeta vermelho nos ensinará lições inestimáveis sobre nós mesmos e sobre a fragilidade da vida em nosso próprio planeta. Ao enfrentar os desafios de viver e trabalhar em um ambiente tão adverso, aprenderemos a valorizar ainda mais os recursos finitos e a biodiversidade de nossa Terra natal, percebendo a importância de proteger e preservar nosso lar para as gerações futuras.

Quem sabe, ao explorarmos as profundezas do espaço e mergulharmos nos mistérios de Marte, encontremos a chave para desvendar os segredos mais profundos do universo e compreender melhor a origem e o destino da vida em nosso pequeno canto do cosmos. Essa odisseia marciana será um farol para a humanidade, iluminando nosso caminho rumo a um futuro mais brilhante e cheio de esperança.

Portanto, embarquemos nessa jornada épica com coragem e determinação, guiados pela luz da ciência e pelo desejo inabalável de expandir os horizontes do conhecimento humano. Que a exploração de Marte seja um tributo à nossa curiosidade e ao espírito de aventura que nos impulsiona a alcançar as estrelas e além! Que marque o início de uma nova era de descobertas e realizações para toda a humanidade!

COMPREENSÃO DA HISTÓRIA DE MARTE

A exploração de Marte é uma tarefa complexa e desafiadora que envolve o uso de tecnologias avançadas e a cooperação internacional. No entanto, os esforços valiosos podem trazer uma compreensão significativa da história do planeta e dos processos geológicos que moldaram sua superfície.

Uma das principais razões para a exploração é entender a formação do planeta. Estudos preliminares mostraram que Marte é um planeta geologicamente ativo, com vulcões, terremotos e outras atividades. Entender como ele se formou e como a atividade geológica moldou sua superfície pode ajudar a compreender melhor a formação do nosso planeta e de outros corpos celestes no sistema solar.

Além disso, a exploração de Marte pode ajudar a entender a evolução do clima do planeta e a presença de água líquida em sua superfície no passado. As imagens e os dados coletados pelas missões espaciais indicam que o planeta já teve um ambiente mais quente e úmido, com rios, lagos e talvez até mesmo um oceano. Compreender como o clima mudou, ao longo do tempo, e como a água líquida desapareceu da superfície pode ajudar a entender como nosso planeta poderia evoluir em um futuro distante.

A exploração de Marte também pode ajudar a entender a possibilidade de vida no universo. Estudos preliminares mostraram que o planeta poderia ter abrigado vida no passado. Compreender sua história e seus processos geológicos pode fornecer pistas sobre como a vida poderia ter se desenvolvido lá e se ainda poderia existir em locais subterrâneos ou abaixo da superfície.

Contudo, essa exploração enfrenta desafios, como o custo financeiro, a complexidade técnica e a possibilidade de contaminação cruzada entre a Terra e Marte, por isso é importante que as nações trabalhem juntas para garantir uma atividade responsável e sustentável. Compreender a formação do planeta, a evolução do clima e a presença de água líquida em sua superfície no passado pode fornecer pistas sobre a evolução do nosso próprio planeta e ser a melhor chance de a humanidade começar sua jornada de colonização do espaço.

ESTUDOS GEOLÓGICOS

Uma das principais razões para a exploração de Marte é entender suas características geológicas. A análise de amostras de rochas e solo pode ajudar a entender sua composição química e mineralógica e as condições ambientais que existiam no passado.

Além disso, pode ser importante para a identificação de recursos que poderiam ser usados em futuras missões. Por exemplo, o estudo da composição mineralógica do solo de Marte pode ajudar a identificar depósitos de minerais e metais que poderiam ser usados na construção de habitats e equipamentos em missões futuras. A identificação de recursos em Marte também pode ter consequências significativas na exploração e colonização do espaço.

A investigação científica do planeta vermelho também pode ajudar a entender melhor a geologia de outros planetas no sistema solar. Compreender as características geológicas e os processos que moldaram a superfície de Marte pode fornecer informações valiosas para a compreensão da história e evolução dos outros planetas, incluindo a Terra.

MISSÕES NÃO TRIPULADAS A MARTE

Ao longo do tempo, a humanidade tem sido atraída pelo planeta vermelho como um vaga-lume em busca da luz. Com cada missão não tripulada, nossos corações e mentes se entrelaçam com o balé cósmico da exploração de Marte. Neste tópico, reviveremos a história das missões não tripuladas, seguindo a linha cronológica e contemplando seus objetivos, sucessos e fracassos, enquanto tecemos poesia científica em nossa narrativa.

Em 1964, a NASA lançou a pioneira Mariner 4, conduzindo-nos, pela primeira vez, ao abraço gravitacional de Marte. A sonda revelou um mundo estéril, lembrando-nos da Lua, e lançou luz sobre a atmosfera e o campo magnético marciano. Foi um primeiro passo tímido, mas crucial, na dança entre a humanidade e o Planeta Vermelho.

A União Soviética, em 1971, enviou as missões Mars 2 e Mars 3 em busca dos segredos que Marte mantinha. A Mars 2, embora não tenha pousado com sucesso, marcou a primeira vez em que um objeto humano tocou a superfície marciana, como um beijo fugaz entre dois amantes celestes. A Mars 3, por sua vez, alcançou um pouso efêmero, mas seu contato foi perdido, como o sussurro de uma promessa não cumprida.

No mesmo ano, a Mariner 9, da NASA, lançou-se em direção a Marte para se tornar a primeira sonda orbital. Com olhos eletrônicos, ela observou o planeta vermelho, revelando a magnitude do maior vulcão do sistema solar, o Olympus Mons, e os vastos desfiladeiros do Valles Marineris. Era como se a própria geologia marciana estivesse recitando poesia cósmica para a humanidade.

A Viking 1 e a Viking 2, lançadas em 1975, eram como gêmeos cósmicos, navegando pelo espaço em busca de sinais de vida em Marte. Embora não tenham encontrado evidências diretas, desvendaram a complexidade química do solo marciano e capturaram imagens deslumbrantes, que pintavam a história geológica do planeta.

Ao longo dos anos 1990 e 2000, novos dançarinos se juntaram ao baile celestial. A Mars Global Surveyor e a Mars Odyssey, da NASA, orbitaram o planeta e mapearam sua superfície com precisão, enquanto a Mars Pathfinder e seu pequeno companheiro, o rover Sojourner, tocaram a superfície árida do planeta vermelho, abrindo caminho para futuras explorações.

A sonda Mars Express, lançada pela Agência Espacial Europeia em 2003, com seu parceiro britânico, o Beagle 2, procurava desvendar os mistérios do clima marciano e procurar sinais de água passada. Embora o Beagle 2 tenha permanecido em silêncio após seu pouso, a Mars Express continuou a estudar a atmosfera e a geologia de Marte, revelando um mundo em constante evolução, onde os ventos cósmicos teciam histórias de eras passadas e futuras. A Mars Express nos ensinou que, mesmo em um planeta aparentemente inóspito, a beleza e a complexidade podem ser encontradas.

Em 2004, os gêmeos robóticos da NASA, Spirit e Opportunity, chegaram a Marte e começaram suas jornadas épicas. Eles traçaram as pegadas da água em tempos antigos, revelando um passado mais úmido e habitável. Suas descobertas mostraram que a dança entre a vida e a geologia marciana era mais intrincada do que jamais imaginamos.

O Mars Reconnaissance Orbiter (MRO), lançado em 2005, observou Marte com olhos ainda mais aguçados. Suas câmeras e seus instrumentos capturaram detalhes impressionantes, como as dunas eólicas e as camadas de gelo nas calotas polares, pintando um retrato dinâmico de um planeta em constante transformação.

Em 2008, o Phoenix Mars Lander pousou no Ártico marciano, onde escavou a superfície e encontrou água congelada, como um poema reservado esperando para ser lido. Essa descoberta confirmou a presença de água no planeta, abrindo um novo capítulo na nossa busca por vida fora da Terra.

A missão Mars Science Laboratory, com seu rover Curiosity, tocou o solo de Marte em 2012. Ele explorou a cratera Gale e o Monte Sharp, revelando evidências de ambientes habitáveis no passado distante, como se as pedras e a poeira estivessem sussurrando segredos há muito esquecidos.

Lançado em 2013, o Mars Atmosphere and Volatile Evolution (MAVEN) analisou a atmosfera marciana para entender seu passado e presente. Como um detetive cósmico, revelou os processos que moldaram a atmosfera e as condições de superfície ao longo do tempo.

Em 2016, a missão ExoMars, uma colaboração entre a Agência Espacial Europeia e a Roscosmos, buscou pistas de vida em Marte, tanto passada quanto presente. O rover Schiaparelli, infelizmente, não conseguiu pousar com sucesso, mas a sonda Trace Gas Orbiter continuou a investigar a atmosfera marciana em busca de gases que pudessem indicar atividade biológica.

A Mars Perseverance, lançada em 2020, representa um marco na exploração do planeta vermelho. Como um embaixador audaz da curiosidade humana, esse *rover* multifuncional foi projetado para investigar a habitabilidade passada e atual de Marte, buscar sinais de vida antiga e coletar amostras para um futuro retorno à Terra. Perseverance, com sua natureza determinada, pousou na intrigante cratera Jezero, onde rios e lagos podem ter existido em eras passadas. Equipado com uma suíte de instrumentos científicos de última geração e acompanhado por seu companheiro voador, o helicóptero Ingenuity, Perseverance avança na fronteira da exploração marciana, ampliando nossa compreensão desse planeta enigmático e nos aproximando do dia em que a humanidade poderá deixar suas pegadas nas areias vermelhas de Marte.

Ao longo das décadas, a exploração tem sido uma dança cósmica entre a humanidade e o planeta vermelho. Juntos, desvendamos os mistérios e histórias entrelaçadas de um mundo distante e, no processo, nos aproximamos ainda mais de desvendar os segredos do nosso próprio destino no universo.

COLONIZAÇÃO DE MARTE

A humanidade, em sua constante busca pelo conhecimento e pela expansão de suas fronteiras, volta seus olhos para o céu estrelado e encontra em Marte, o planeta vermelho, o próximo grande desafio a ser enfrentado. Com o progresso científico e tecnológico que temos alcançado, as perspectivas futuras para a colonização de Marte são tanto fascinantes quanto desafiadoras.

As primeiras missões tripuladas serão uma maravilha da engenharia e da cooperação internacional. Astronautas corajosos embarcarão em jornadas de ida e volta, enfrentando a imensidão do espaço e os perigos inerentes à exploração de um novo mundo. Nessas missões, serão estabelecidos os primeiros passos para a futura colonização, com a coleta de dados científicos, a busca por recursos e a análise dos desafios a serem superados.

À medida que o conhecimento sobre Marte se expandir e a tecnologia avançar, chegará o momento em que os primeiros colonos humanos partirão em uma viagem sem retorno à sua nova casa. Esses pioneiros, movidos pelo espírito indomável da humanidade, enfrentarão adversidades em um ambiente hostil, mas aprenderão a prosperar e construir uma vida além da Terra.

As primeiras colônias marcianas exigirão uma combinação de engenhosidade humana e avanços tecnológicos. Serão necessários habitats pressurizados, sistemas de suporte à vida, abastecimento de água e energia, e meios para cultivar alimentos no solo árido do planeta vermelho. A cada conquista, a cada dificuldade superada, esses pioneiros abrirão o caminho para uma presença humana permanente em Marte.

Em um futuro mais distante, a humanidade enfrentará o desafio de terraformar Marte, transformando um ambiente inóspito em um lar mais parecido com a Terra. Com técnicas avançadas de engenharia planetária, os colonos modificarão a atmosfera, a temperatura e a pressão marciana, permitindo que a água líquida flua novamente e que a vida floresça na superfície do planeta.

A terraformação de Marte será uma prova de fogo para nossa espécie, um teste de nossa capacidade de moldar mundos e expandir nossa presença no cosmos. Se quisermos explorar outros planetas e estrelas mais distantes, teremos que superar os desafios e aprender as lições que a colonização de Marte nos apresenta.

A poesia da ciência reside em nossa busca pelo conhecimento e na capacidade de transformar o desconhecido em algo tangível e compreensível. A colonização de Marte é a personificação dessa poesia, com seres humanos enfrentando os mistérios do universo e escrevendo uma nova página na história da Exploração Espacial.

Olhemos para o futuro com esperança e determinação, pois é por meio da colonização de Marte e da exploração de outros mundos que a humanidade continuará sua jornada rumo às estrelas.

DESAFIOS DA EXPLORAÇÃO DE MARTE

Um dos maiores desafios enfrentados pelas missões de exploração de Marte é a duração da viagem, que pode levar até dois anos, apresentando dificuldades para o suporte de vida e a saúde dos astronautas. Durante a viagem, os astronautas precisam lidar com condições de vida extremas, incluindo radiação intensa, baixa gravidade e riscos de doenças.

Outro grande obstáculo é a necessidade de suporte de vida. Marte é um ambiente hostil e inóspito, com pouca ou nenhuma atmosfera e temperaturas extremamente baixas. Para sustentar a vida humana ali, as missões de exploração precisam fornecer ar respirável, água, alimentos e proteção contra as condições ambientais adversas. Além disso, a presença de recursos naturais no planeta, como água e oxigênio, precisará ser identificada e explorada.

Há ainda a necessidade de infraestrutura na superfície do planeta para apoiar a vida humana, incluindo a construção de habitats, sistemas de suporte de vida, sistemas de produção de alimentos, armazenamento de recursos e sistemas de transporte. Tal construção envolve a superação de muitas dificuldades técnicas, incluindo a falta de atmosfera, a baixa gravidade e as temperaturas extremas.

Além disso, as missões de exploração de Marte enfrentam problemas, como a falta de financiamento e a complexidade técnica. A exploração do planeta vermelho exige altos investimentos em recursos financeiros e humanos, o que pode ser difícil de justificar em meio a outras prioridades. Ademais, a exploração de Marte envolve o uso de tecnologias avançadas que ainda estão em desenvolvimento, como a propulsão iônica, a robótica avançada e a nanotecnologia.

Apesar disso, tal exploração oferece muitas oportunidades para a humanidade, pois pode ajudar a expandir nossa compreensão do universo e da história do Sistema Solar, bem como a desenvolver tecnologias avançadas para a Exploração Espacial e a colonização de outros planetas. É importante que as nações trabalhem juntas para superar os obstáculos enfrentados pelas missões de exploração de Marte e garantir que a exploração do planeta seja feita de maneira responsável e sustentável.

Em síntese, é uma atividade que se apresenta como um capítulo crucial na odisseia espacial que a humanidade empreende para desvendar os mistérios do cosmos, buscando respostas às questões fundamentais acerca da origem da vida no universo, compreendendo a história desse enigmático planeta e desenvolvendo tecnologias inovadoras para a exploração do Espaço Sideral, contudo impõe desafios consideráveis.

Como mencionado anteriormente, esses obstáculos servem como um teste crítico para determinar nosso potencial de nos tornarmos uma sociedade verdadeiramente planetária no futuro. Ao superar as adversidades marcianas, daremos um passo importante para lidar com problemas ainda maiores que nos esperam no vasto e desconhecido Espaço Sideral.

É de suma importância que abordemos essa empreitada de maneira abrangente e consciente, analisando meticulosamente como a exploração de Marte pode impactar a humanidade e a ciência, tanto em termos de conhecimento adquirido quanto de responsabilidade ética e ambiental. Ao fazermos isso, estaremos não apenas garantindo o sucesso de nossas missões em Marte, mas também pavimentando o caminho para a humanidade se aventurar além de nosso sistema solar e enfrentar os desafios insondáveis do Espaço Sideral.

Nesse contexto, a exploração de Marte deve ser encarada como uma etapa fundamental e um teste decisivo para a humanidade. As dificuldades que enfrentaremos no planeta vermelho são apenas uma fração daquelas que nos aguardam em nossa jornada rumo às estrelas. Superá-las nos permitirá não apenas expandir nosso conhecimento e desenvolver tecnologias revolucionárias, mas também nos preparar para enfrentar os problemas ainda mais extraordinários e imponderáveis que encontraremos no Espaço Sideral.

Portanto, sigamos com coragem e determinação, enfrentando os desafios de Marte e provando nossa capacidade de nos tornarmos uma sociedade planetária. Que essa exploração seja um marco em nossa busca por conhecimento e que nos inspire a continuar nos aventurando pelo cosmos, sempre em busca de compreender melhor o universo e nosso lugar nele.

UMA SOCIEDADE ESPACIAL

A colonização do espaço tem sido um tema de interesse e debate por muitas décadas. Mas quais são as principais metas e objetivos por trás da colonização do espaço? Existem várias razões pelas quais a exploração e a colonização do espaço podem ser importantes para o futuro da humanidade; uma delas é a busca por novos recursos.

A exploração do espaço pode nos dar acesso a recursos que são escassos na Terra, como metais raros e água. Além disso, pode nos ajudar a entender melhor os processos naturais que levam à formação desses recursos, o que pode ser útil na preservação e manejo deles na Terra.

Outra meta importante é a expansão da civilização humana. A Terra tem uma capacidade limitada para sustentar a crescente população humana, e a colonização do espaço pode nos dar acesso a novas áreas habitáveis. Isso pode envolver a criação de colônias em outros planetas, como Marte, ou a construção de habitats espaciais que possam suportar a vida humana a longo prazo.

Além disso, a colonização do espaço pode ser importante para a preservação da vida na Terra, a qual enfrenta ameaças significativas, como impactos de asteroides e eventos de extinção em massa, e pode nos ajudar a desenvolver tecnologias e estratégias para lidar com essas ameaças, bem como criar uma espécie de backup para a vida humana em caso de uma catástrofe global.

No entanto, essa colonização apresenta desafios, pois a Exploração Espacial requer tecnologias avançadas e altos investimentos em pesquisa e desenvolvimento. Além disso, a exploração do espaço pode ser perigosa e apresentar riscos à saúde dos astronautas.

Apesar disso, a exploração e a colonização do espaço continua sendo um objetivo importante para muitas pessoas. Com o desenvolvimento contínuo de tecnologias avançadas e soluções inovadoras para os problemas técnicos e logísticos da Exploração Espacial, podemos continuar a busca por novos recursos, expandir a civilização humana e preservar a vida na Terra.

TECNOLOGIAS AVANÇADAS PARA A COLONIZAÇÃO DO ESPAÇO

Em meio à imensidão do cosmos, a humanidade se lança na busca por novos horizontes, em que as estrelas cintilam como faróis que guiam nossa jornada rumo ao desconhecido. Para desbravar esse vasto oceano estelar e estabelecer nosso legado além das fronteiras do lar terreno, precisamos desenvolver uma miríade de tecnologias, tecendo uma tapeçaria de inovação que transformará nosso destino e nos elevará a patamares nunca alcançados.

Enquanto nos preparamos para aventuras interplanetárias e inte-restelares, a engenhosidade humana deve se voltar para a criação de naves espaciais capazes de cruzar as distâncias cósmicas e resistir aos rigores do Espaço Sideral. Tais veículos celestes necessitarão de propul-são avançada, que nos permita viajar a velocidades nunca imaginadas, encurtando os tempos de viagem e abrindo as portas para a exploração de mundos distantes.

Contudo, a jornada além das estrelas não será apenas um feito de velocidade e resistência. Também precisaremos garantir a sustentabilidade da vida humana nas longas viagens pelo Espaço Sideral e nas futuras colônias. Para tanto, é imperativo desenvolver sistemas de suporte à vida eficientes e autossustentáveis, capazes de prover água, ar e alimento para os intrépidos viajantes que se aventuram no desconhecido.

A agricultura espacial florescerá como um jardim cósmico, cultivado por técnicas avançadas de hidroponia e aeroponia, garantindo a sub-sistência dos colonizadores e reduzindo a dependência de suprimentos enviados da Terra. A energia, tão vital para a sobrevivência e o progresso humano, será colhida das estrelas, com painéis solares ultramodernos e reatores de fusão nuclear, abastecendo nossas naves e colônias com a força do átomo e do sol.

Nessa nova era de exploração, robôs e inteligências artificiais se unirão a nós nessa odisseia, auxiliando-nos na construção de habitats extraterrestres e na manutenção das colônias. Juntos, humanos e máqui-nas tecerão uma sinfonia de progresso e cooperação, que permitirá ven-cer os desafios do espaço e garantir a sobrevivência de nossa espécie.

Enquanto navegamos pelas vastidões do universo, precisaremos cuidar de nossa saúde física e mental. Tecnologias médicas avançadas e a telemedicina nos ajudarão a enfrentar os problemas do viver no espaço, preservando a integridade de nossos corpos e mentes no ambiente hostil do cosmos.

No ímpeto de explorar e colonizar o espaço, a humanidade se encontrará no ápice de sua capacidade inventiva, forjando um legado de inovação e perseverança que ecoará pelos confins do tempo. Com o poder da ciência e da imaginação, trilharemos um caminho rumo às estrelas e além, alcançando o inatingível e deixando nossa marca indelével no vasto palco do universo. Ao nos lançarmos nessa empreitada cósmica, transformaremos não apenas nossa compreensão do cosmos, mas também a nós mesmos, moldando nosso futuro como exploradores das estrelas e arquitetos de uma nova era de prosperidade e conhecimento.

Enquanto nossa marca indelével se estende por sistemas estelares e galáxias, a humanidade se tornará um farol de esperança e perseverança, unindo-se em prol de um objetivo comum e demonstrando a incrível capacidade de superar os limites do conhecido. Nessa jornada, seremos testemunhas da confluência entre a ciência e a poesia, em que a beleza do cosmos e o espírito humano se entrelaçam em uma dança eterna de descoberta e criação.

Portanto, embarquemos nessa aventura extraordinária com coragem e determinação, guiados pela luz do conhecimento e pela força do espírito humano, e deixemos nossa marca indelével no cosmos, provando que somos capazes de transcender os limites do nosso pequeno mundo e de alcançar as estrelas.

EXPLORAÇÃO DE RECURSOS

Ao nos lançarmos rumo à imensidão do cosmos, a humanidade se embrenhará na busca incessante pelos recursos que nos permitirão prosperar e expandir nossos domínios para além das fronteiras do sistema solar. Nessa odisseia cósmica, exploraremos os tesouros ocultos de planetas, luas, asteroides e outros corpos celestes, tanto em nosso próprio sistema quanto em sistemas estelares distantes, desvendando os segredos do universo e garantindo nossa sobrevivência entre as estrelas.

A exploração de recursos espaciais será uma tarefa árdua e intrincada, exigindo avanços tecnológicos e logísticos sem precedentes. A mineração de asteroides, por exemplo, revelará riquezas minerais e metálicas que poderão ser empregados na construção de naves e habitats espaciais. Da mesma forma, a extração de água e elementos químicos essenciais em luas e planetas distantes viabilizará o desenvolvimento de colônias autossustentáveis e a expansão da humanidade no Espaço Sideral.

À medida que avançarmos na exploração de sistemas estelares e planetas alienígenas, nos depararemos com novas dificuldades e oportunidades. Os recursos obtidos em planetas e luas extraterrestres poderão ser usados para abastecer as colônias e naves espaciais, reduzindo a dependência da Terra e permitindo maior autonomia às sociedades humanas dispersas pelo cosmos. Uma parcela poderá ser enviada ao nosso planeta natal, a fim de atender às demandas crescentes e aliviar a pressão sobre os recursos terrestres.

Enquanto navegamos pelo Espaço Sideral, a humanidade evoluirá e se adaptará às condições e aos desafios que surgirão. Uma sociedade humana espalhada pelo cosmos será marcada por um profundo senso de cooperação e interdependência, em que as colônias em planetas e luas se unirão em uma intrincada rede de trocas e colaborações. Essa sociedade será baseada nos padrões evolutivos e no comportamento humano, adaptando-se às exigências de um ambiente extraterrestre e incorporando as lições aprendidas ao longo de nossa história terrena.

Em meio a essa teia cósmica, a ciência e a tecnologia desempenharão papéis cruciais na solução de problemas e no avanço do conhecimento. As leis da Física, sempre presentes e implacáveis, balizarão nossas ações e inovações, assegurando que permaneçamos em sintonia com os princípios que regem o universo. A ética e a sustentabilidade também serão elementos-chave na exploração dos recursos espaciais, garantindo que não cometamos os mesmos erros que outrora afligiram nosso lar terrestre.

Dessa maneira, a sociedade humana espalhada pelo cosmos florescerá em um mosaico de culturas, tradições e conhecimentos, unido pela busca incessante por novos horizontes e pelo desejo de compreender o universo que nos rodeia. Juntos, enfrentaremos os desafios que nos aguardam e garantiremos um futuro brilhante e próspero para a humanidade entre as estrelas. Enquanto exploramos e colonizamos novos mundos, aprenderemos a conviver com as maravilhas e os mistérios do cosmos, abraçando nossa herança como exploradores e visionários.

Um futuro no qual a humanidade se espalha pelo cosmos será pautado por descobertas e inovações sem precedentes, em que cada nova fronteira conquistada nos levará a repensar nossos próprios limites e a perceber nosso potencial infinito. Com o passar do tempo, as gerações vindouras olharão para trás, para a Terra e para os primeiros passos que demos no espaço, e se orgulharão do legado que construímos, da coragem que demonstramos e das conquistas que alcançamos.

Com o olhar fixo no horizonte estelar, continuaremos a nos aventurar além do conhecido, superando adversidades e construindo um futuro em que a humanidade se torna uma civilização verdadeiramente cósmica. Seremos testemunhas da confluência entre as artes, as ciências e a tecnologia, bem como nos tornaremos os protagonistas de uma era de transformação e progresso.

Assim, enquanto o futuro se desdobra diante de nós, embarcaremos em uma jornada que transcende as fronteiras do espaço e do tempo, unindo a humanidade em um propósito comum e iluminando nosso caminho rumo ao desconhecido. Nosso futuro entre as estrelas será um testemunho de nossa resiliência, imaginação e paixão pelo conhecimento, provando que, mesmo diante dos obstáculos mais assustadores, somos capazes de nos reinventar e prosperar no vasto palco cósmico.

PROJETO DE HABITATS ESPACIAIS

Em um futuro não tão distante, a humanidade se erguerá das amarras terrestres e buscará novos horizontes, desbravando o espaço e estabelecendo habitats onde antes só havia vazio e silêncio. Com os olhos voltados para a Lua, Marte e além, nossa espécie iniciará uma jornada épica rumo à colonização de outros mundos e à transformação do desconhecido em um lar para gerações futuras.

Nesse conto cósmico, a humanidade se estabelecerá primeiramente na Lua, nossa companheira celestial mais próxima. Projetos de habitats lunares surgirão como odes à criatividade e à inovação humana, proporcionando abrigo e sustento em um ambiente inóspito e implacável. Nesses refúgios lunares, a vida florescerá sob o manto do céu estrelado, e nossos olhos, acostumados ao brilho do luar, contemplarão a Terra suspensa no firmamento como um lembrete de nossa origem e destino.

À medida que a colonização lunar se consolidar, voltaremos nossos olhares a Marte, onde ergueremos habitats audaciosos e resilientes, capazes de resistir às tempestades de areia e às baixas temperaturas que assolam sua superfície. Ali, nos confins de um mundo distante, a humanidade criará oásis de vida e aprendizado, expandindo nosso conhecimento e domínio sobre o cosmos. Assim, Marte se tornará um farol de esperança e determinação, iluminando o caminho para aventuras ainda mais audaciosas.

Com os olhos fixos no Espaço Sideral, a humanidade buscará novos mundos para chamar de lar, colonizando as luas e planetas do sistema solar e, eventualmente, estendendo nossa presença a sistemas estelares distantes. Nessa jornada, enfrentaremos desafios nunca imaginados, mas também testemunharemos maravilhas e descobertas que desafiarão nossa compreensão do universo e de nós mesmos.

Enquanto nos aventuramos pelo cosmos, a terraformação se tornará uma ferramenta crucial em nosso repertório, permitindo-nos transformar mundos inóspitos em paraísos terrestres. A ciência e a tecnologia, sempre respeitando as leis da Física, nos guiarão nessa missão, moldando paisagens alienígenas em jardins exuberantes e oceanos azuis profundos, onde a vida poderá prosperar em harmonia com o entorno.

Conforme as colônias humanas se espalharem pelo cosmos, cada novo lar se tornará uma parte intrincada de nossa herança e legado. Unidos pela busca incessante pelo conhecimento e pela compreensão do cosmos, criaremos uma tapeçaria de culturas, tradições e saberes que se estenderá desde a Terra até os confins do espaço. Nessa grande epopeia, a humanidade se elevará acima de suas limitações e diferenças, encontrando força e inspiração na vastidão do universo e na beleza dos mundos que chamaremos de lar.

Nesse futuro de habitats espaciais e colonização cósmica, nossa espécie embarcará em um capítulo sem precedentes de sua história, tecendo um legado estelar que ecoará pelos corredores do tempo. Pelo Espaço Sideral, enfrentaremos adversidades, mas também nos encontraremos com belezas indescritíveis e mistérios que aguçarão nossa curiosidade e nosso desejo de aprender.

À medida que a humanidade se estabelecer em habitats espaciais e colonizar novos mundos, testemunharemos a ascensão de uma civilização verdadeiramente cósmica, que, unida pelo espírito de cooperação e exploração, será forjada no coração das estrelas, alimentada pela determinação de transcender fronteiras e alcançar novas alturas.

Em cada novo lar que construiremos, carregaremos conosco o legado da Terra, semeando a sabedoria e a paixão por descobertas que nos levaram até ali. Como navegantes do cosmos, buscaremos preservar a diversidade cultural e ecológica que sempre foi a força motriz de nossa espécie, mesmo quando viajamos para além do Sistema Solar.

Ao explorarmos e colonizarmos luas e planetas em sistemas estelares distantes, a humanidade deixará um rastro luminoso de progresso e inovação, transformando o desconhecido em um caleidoscópio de possibilidades. Ao fazê-lo, honraremos nossa herança terrestre e abraçaremos nosso destino como exploradores do infinito.

Nesse futuro repleto de habitats espaciais e colonização cósmica, aprenderemos a ver o universo como nosso lar compartilhado, um vasto e magnífico palco em que a vida humana e o espírito de descoberta brilharão como estrelas no firmamento. E, ao olharmos para trás, para a Terra, lembraremos com gratidão e humildade as origens de nossa jornada e o legado que estamos construindo entre as estrelas.

Assim, a humanidade, que um dia esteve confinada ao pequeno globo azul que chamamos de Terra, se tornará uma civilização interplanetária e interestelar, unida pela coragem, sabedoria e pelo desejo insaciável de explorar e compreender o universo que nos rodeia. Na imensidão do espaço, construiremos nosso futuro, forjando um destino cósmico que será eternamente lembrado como um testemunho do poder e da resiliência do espírito humano.

QUESTÕES LEGAIS E ÉTICAS

Em um futuro distante, quando a humanidade se espalhar por inúmeras colônias em diversos planetas e sistemas estelares, nossa espécie enfrentará questões legais e éticas complexas e sem precedentes. Nesse cenário, os sistemas políticos e sociais terão que se adaptar a uma nova realidade, em que as fronteiras não serão mais apenas terrestres, mas cósmicas.

As questões relativas à propriedade e aos recursos em outros planetas serão de suma importância. Em um universo em expansão, com colônias humanas estabelecidas em diferentes mundos, como devemos tratar a posse e o uso dos recursos naturais encontrados nesses planetas? Será que esses recursos pertencerão à Terra ou deverão ser compartilhados igualmente entre todas as colônias, promovendo uma distribuição justa e igualitária?

Resolver tais questões exigirá uma abordagem colaborativa e diplomática. As nações e as colônias terão que trabalhar juntas para criar tratados e acordos que regulem a apropriação e o uso de recursos extraterrestres. Esses tratados deverão levar em conta os interesses de todas as partes envolvidas, garantindo que nenhum grupo seja injustamente favorecido ou prejudicado. Além disso, essas normas deverão ser flexíveis o suficiente para acomodar as necessidades e as dificuldades específicas de cada colônia, assim como as mudanças e os avanços tecnológicos que ocorrerão ao longo do tempo.

Outra questão ética importante será a responsabilidade pelas atividades espaciais. Com uma presença humana tão vasta e diversificada no cosmos, haverá uma necessidade urgente de estabelecer diretrizes claras para a conduta das atividades espaciais, incluindo a exploração, a mineração e a pesquisa científica. Nesse contexto, as colônias e nações terão que cooperar para criar leis e regulamentações que garantam a sustentabilidade e a preservação dos ecossistemas extraterrestres e previnam a exploração predatória e irresponsável dos recursos naturais.

Os principais desafios envolvidos na construção de uma sociedade espacial humana incluirão a necessidade de comunicação eficiente e eficaz entre as colônias e a Terra, bem como entre as próprias colônias. A distância e a diferença de tempo entre os planetas e sistemas estelares poderão dificultar a coordenação e a tomada de decisões em tempo real, por isso será fundamental desenvolver tecnologias e sistemas de comunicação avançados que possibilitem a colaboração rápida e eficiente entre as colônias e os governos, mesmo à distância cósmica.

Além disso, será preciso construir uma cultura de cooperação e confiança entre as colônias, a fim de superar preconceitos e desconfianças históricas que possam surgir devido às diferenças culturais, políticas e geográficas. A educação e o intercâmbio cultural serão ferramentas poderosas para promover a compreensão mútua e a colaboração entre as diversas comunidades humanas espalhadas pelo cosmos.

Em resumo, a construção de uma sociedade espacial humana, em um futuro distante, com colônias estabelecidas em diversos planetas e sistemas estelares, trará desafios legais e éticos sem precedentes. A propriedade e a distribuição de recursos extraterrestres, bem como a responsabilidade pelas atividades espaciais, serão questões cruciais nessa sociedade em expansão.

Para resolvê-las e superar os principais obstáculos, a humanidade deverá trabalhar em conjunto, desenvolvendo tratados e regulamentações que garantam a equidade, a sustentabilidade e a preservação dos ecossistemas cósmicos. Além disso, deverá promover uma cultura de cooperação e confiança entre as colônias, incentivando a comunicação eficiente, a educação e o intercâmbio cultural.

Nesse futuro repleto de possibilidades, a humanidade terá a oportunidade de criar uma sociedade verdadeiramente cósmica, unida pelo desejo comum de explorar e compreender o universo. Ao superar os desafios legais e éticos que surgirão nessa jornada, poderemos garantir um futuro mais justo, sustentável e harmonioso para todas as colônias e nações que chamaremos de lar entre as estrelas.

IMPACTO AMBIENTAL

Ao se aventurar em direção ao cosmos e se estabelecer em planetas distantes, asteroides, luas e mundos alienígenas, a humanidade enfrentará o desafio colossal de lidar com o impacto ambiental que a colonização do espaço pode causar. Antes de empreender essa jornada, precisamos reconhecer a necessidade de mudar nosso comportamento como espécie e aprender com os erros cometidos em nossa própria Terra, para preservarmos e protegermos os ambientes extraterrestres que exploraremos e habitaremos.

A colonização do espaço pelos humanos pode ter efeitos adversos sobre os ecossistemas dos corpos celestes que habitaremos. A exploração e extração de recursos, a poluição por resíduos e emissões, bem como a introdução de espécies terrestres em novos ambientes, são apenas alguns dos fatores que podem ameaçar a integridade e a estabilidade desses ecossistemas. Para garantir a preservação ambiental dos mundos ocupados, a nova sociedade humana espalhada pelo espaço deverá adotar uma abordagem responsável e sustentável.

Em primeiro lugar, deverá aprender a valorizar e preservar os recursos naturais, tanto na Terra quanto nos mundos colonizados. Isso significa desenvolver e implementar tecnologias e práticas sustentáveis, como reciclagem, energia renovável e utilização consciente dos recursos, para minimizar a pegada ecológica em ambientes extraterrestres.

Além disso, deverá estabelecer protocolos rígidos para a exploração e pesquisa científica, garantindo que as atividades humanas não causem danos irreparáveis aos ecossistemas alienígenas. Isso pode incluir a criação de áreas protegidas, a monitoração constante do impacto ambiental das atividades e a aplicação rigorosa de leis e regulamentações ambientais.

Outra medida crucial será a educação e a conscientização dos colonizadores espaciais sobre a importância da preservação ambiental. Mediante a promoção de valores, como o respeito pela natureza e a responsabilidade compartilhada pela proteção dos ecossistemas, será possível cultivar uma cultura de cuidado e apreço pelo ambiente cósmico em que viveremos.

Também será essencial promover a cooperação internacional e interplanetária na busca pela preservação ambiental. Trabalhando juntos, governos e comunidades das colônias espaciais poderão compartilhar conhecimentos, recursos e melhores práticas, unindo forças para proteger os preciosos ecossistemas que habitamos.

Por fim, a humanidade deverá adotar uma visão de longo prazo e considerar as consequências de suas ações para as gerações futuras. Ao planejar e construir colônias espaciais, terá que se esforçar para criar ambientes sustentáveis e resilientes que possam prosperar ao longo do tempo, preservando a riqueza e a diversidade dos mundos ocupados.

Em síntese, o impacto ambiental da colonização do espaço é uma preocupação premente que a humanidade deve enfrentar. Ao mudar nosso comportamento como espécie e adotar práticas sustentáveis e conscientes, podemos garantir que a nova sociedade humana espalhada pelo espaço seja responsável pela preservação ambiental dos mundos ocupados. Com o compromisso de proteger e cuidar dos ecossistemas extraterrestres e o engajamento em esforços de cooperação internacional e interplanetária, poderemos criar um futuro mais promissor e harmonioso para todos aqueles que chamam o cosmos de lar.

COMUNICAÇÃO E EDUCAÇÃO

No vasto oceano cósmico, onde a humanidade se espalhará como grãos de areia em incontáveis mundos, a comunicação entre as colônias e a Terra se tornará um desafio que transcende a imaginação. Limitados pelas leis imutáveis da natureza, seremos confrontados com a barreira indomável da velocidade da luz, que dita os limites do quanto nossas vozes e pensamentos podem viajar pelo espaço.

ESTRADAS CÓSMICAS:
UM OLHAR SOBRE O FUTURO DA HUMANIDADE NO ESPAÇO SIDERAL

Nesse futuro distante, em que estrelas e planetas separados por distâncias inimagináveis se tornam nossos lares, a comunicação entre as colônias humanas e a Terra precisará enfrentar os obstáculos impostos pela própria natureza. Enquanto a velocidade da luz nos proporciona um limite inviolável, a engenhosidade humana e a tecnologia emergente podem nos ajudar a superar, pelo menos parcialmente, essas restrições.

Encontraremos soluções criativas, como a utilização de redes de comunicação quânticas para transmitir informações instantaneamente, desafiando as fronteiras convencionais do espaço e do tempo. Também poderemos explorar tecnologias avançadas de compressão e armazenamento de dados, garantindo que mensagens e informações vitais sejam transmitidas com eficiência, mesmo com os longos atrasos impostos pela velocidade da luz.

Nesse universo onde as distâncias se expandem além da compreensão humana, a educação nas colônias se tornará um farol de conhecimento, unindo gerações e preservando a história de nossa espécie. A educação será moldada pelas experiências únicas de cada colônia, mas também por uma herança compartilhada que se originou na Terra.

Por meio de palavras e lembranças, ensinaremos aos futuros humanos sobre a Terra, nosso berço e lar ancestral. Contaremos histórias de nossas conquistas e fracassos, de nossa arte e cultura, e da rica diversidade que compõe a tapeçaria da humanidade. Será nosso dever transmitir um legado de conhecimento, sabedoria e compaixão às gerações futuras, para que elas possam aprender com os erros do passado e trilhar um caminho de progresso e harmonia.

Em última análise, esse legado será a essência do que desejamos deixar para nossos descendentes: um testemunho do espírito humano, de nossa capacidade de superar adversidades e de nossa busca incessante pelo conhecimento e pela compreensão. Será uma mensagem de esperança, de que, mesmo diante dos desafios cósmicos e das distâncias insondáveis, a humanidade pode continuar a crescer e prosperar, unida pelo vínculo inquebrável que compartilhamos como habitantes desse vasto e misterioso universo.

COOPERAÇÃO ESPACIAL

Em um futuro distante, em que a humanidade se estende além do nosso Sistema Solar e alcança os confins do espaço interestelar, a cooperação entre as colônias humanas e a Terra será fundamental para a sobrevivência e o progresso de nossa espécie. Para estabelecer e manter essa cooperação, é crucial considerar o comportamento evolutivo e social que os humanos possam desenvolver, sempre respeitando os limites impostos pela ciência.

À medida que os seres humanos se espalharem pelo cosmos, estabelecendo colônias em planetas e luas distantes, sua capacidade de cooperação será testada pelos desafios que enfrentarão, os quais incluirão a partilha de recursos, o desenvolvimento de tecnologias avançadas e a preservação do conhecimento e da cultura humana em um ambiente extraterrestre.

Uma das formas mais importantes de cooperação entre as colônias humanas e a Terra será a troca de recursos e conhecimentos. O compartilhamento de informações científicas, avanços tecnológicos e experiências culturais permitirá que todas as colônias se beneficiem dos progressos realizados em diferentes partes do espaço interestelar. Além disso, a distribuição equitativa de recursos naturais e artificiais garantirá a sustentabilidade e o desenvolvimento de todas as comunidades humanas no cosmos.

À medida que a evolução e a adaptação moldam nosso comportamento social, é provável que desenvolvamos novas formas de governança e organização social. Essas estruturas, baseadas nos princípios de cooperação e colaboração, terão como objetivo promover a unidade e a harmonia entre as colônias e a Terra. A formação de um conselho interestelar, por exemplo, poderá garantir que as vozes e os interesses de todas as colônias humanas sejam representados, possibilitando a tomada de decisões justas e equitativas.

A cooperação científica e tecnológica desempenhará um papel crucial no futuro das colônias humanas e da Terra. Mediante esforços colaborativos de pesquisa e desenvolvimento, poderemos enfrentar obstáculos, como a viagem interestelar, a comunicação em longas distâncias e a adaptação a ambientes extraterrestres. Essa cooperação permitirá não apenas a sobrevivência, mas também o florescimento da humanidade em um ambiente cósmico desconhecido.

Além disso, a cooperação no campo da cultura e das artes fortalecerá os laços entre as colônias e a Terra. A celebração e preservação de nossa herança cultural comum, bem como o encorajamento à diversidade e à criatividade ajudará a nutrir uma sociedade interestelar coesa e vibrante.

Em suma, a cooperação entre as colônias humanas espalhadas pelo espaço interestelar e a Terra será crucial para superarmos os desafios que a expansão cósmica apresenta. Com a colaboração em áreas, como a ciência, a tecnologia e a cultura, e adaptando nosso comportamento social e evolutivo às demandas do espaço, poderemos garantir um futuro brilhante e promissor para a humanidade em todo o cosmos.

ENCONTROS COM OUTRAS CIVILIZAÇÕES

Em um futuro distante, guiados pela curiosidade e pelo desejo de explorar, os humanos buscarão cruzar os abismos cósmicos, espalhando-se pelos vastos domínios do universo. Inspirados pelos padrões evolutivos e comportamentos sociais, navegaremos em direção às estrelas, sonhando com a vastidão de mundos inexplorados que possam nos acolher.

Porém, devemos estar cientes de que nem todos os lugares estarão vazios, esperando nossa chegada. Em meio às estradas cósmicas, encontraremos civilizações extraterrestres, como pequenos vilarejos à beira da estrada, iluminando a escuridão do espaço com suas luzes e conhecimentos. Diante de tais encontros, devemos refletir sobre preservar e respeitar esses locais e seus habitantes.

É possível que, nesse futuro distante, já tenhamos estabelecido um código universal que regerá nossa conduta ao explorar o cosmos. Uma conduta que nos ensinará a não adentrar mundos já habitados, a respeitar a soberania e a integridade desses lugares; que ecoará nossas responsabilidades como cidadãos do universo, garantindo que nossa busca pela expansão não resulte na destruição ou subjugação de outras formas de vida.

E se, antes de desenvolvermos a tecnologia necessária para cruzar as estrelas, uma civilização mais avançada nos visitasse aqui na Terra? Como lidaríamos com esse encontro monumental, que abalaria nossa compreensão de nós mesmos e do universo ao nosso redor?

Nessa situação, é imperativo que nossa sociedade demonstre sabedoria e humildade, reconhecendo a oportunidade de aprender com esses seres mais avançados. Talvez eles possam nos guiar, compartilhando conosco os segredos do cosmos e a sabedoria acumulada em sua própria evolução. Ao fazê-lo, poderíamos forjar uma amizade cósmica, baseada no respeito mútuo e na cooperação.

Contudo, devemos estar preparados para enfrentar possíveis ameaças e desafios que possam surgir em nossa interação com civilizações extraterrestres. A diplomacia e a prudência serão fundamentais para garantir nossa segurança e integridade como espécie, assim como a preservação de nossa cultura e identidade.

Ao longo dessa jornada cósmica, nosso futuro como sociedade interestelar dependerá da capacidade de adaptar nossos padrões evolutivos e comportamentos sociais, garantindo uma convivência harmoniosa com outros seres no universo. Apenas assim poderemos prosperar e compartilhar nosso legado, enquanto aprendemos com as inúmeras histórias e experiências que outras civilizações têm a oferecer.

Em resumo, a exploração do universo e o encontro com civilizações extraterrestres exigirão sabedoria, empatia e cautela. Ao abraçar esses princípios, poderemos garantir uma coexistência pacífica com outras formas de vida, transformando o cosmos em um lar compartilhado, onde a diversidade de culturas e conhecimentos se entrelaçam, formando uma tapeçaria de experiências e aprendizados. Nesse cenário, a humanidade crescerá não apenas em conhecimento e compreensão, mas também em sabedoria e compaixão, forjando laços duradouros com os vizinhos interestelares.

Em nossa busca pelas estrelas, enfrentaremos desafios inimagináveis e descobriremos mistérios que desafiam nossa compreensão, mas, ao abraçarmos a cooperação e o respeito mútuo, podemos transformar essas dificuldades em oportunidades e esses mistérios em maravilhas compartilhadas.

Em nossa jornada pelo cosmos, devemos lembrar que, embora as estrelas possam parecer inatingíveis, nossa capacidade de amar, aprender e crescer nos permitirá alcançar até os confins mais distantes do universo. Em nosso caminho, descobriremos que, apesar das distâncias vastas e das diferenças entre nós, somos todos parte de uma comunidade cósmica, unidos pelo desejo de explorar e compreender o grande e infinito espaço que nos rodeia.

Assim, nossa história se desdobrará em um futuro longínquo, em que as fronteiras do espaço e do tempo se diluem na vastidão do universo. Como uma espécie exploradora, aprenderemos a celebrar nossa diversidade, a respeitar nossos vizinhos cósmicos e a cultivar a sabedoria e a empatia necessárias para vencer os desafios de um mundo cada vez mais interconectado.

No coração de tudo isso, encontraremos a verdadeira essência da humanidade: nossa capacidade de amar e compreender uns aos outros, mesmo diante do desconhecido. É essa força que nos guiará pelo espaço, inspirando-nos a alcançar as estrelas e, em última instância, unindo-nos como uma só família cósmica, navegando juntos pelas maravilhas e pelos mistérios do universo.

OS ANIMAIS E AS PLANTAS NA COLONIZAÇÃO DO ESPAÇO

Em um futuro distante, quando finalmente embarcarmos na incrível jornada pelas estradas cósmicas, enfrentaremos escolhas difíceis e questionamentos éticos sobre quais seres vivos nos acompanharão nessa odisseia interestelar. Ao decidir quais plantas e animais levar, teremos que ponderar cuidadosamente o equilíbrio entre o desejo de preservar e proteger nosso legado terrestre e a necessidade de respeitar os ambientes naturais de mundos alienígenas.

Ao escolhermos quais companheiros de viagem se juntarão a nós nessa exploração, devemos considerar não apenas sua utilidade prática, mas também seu valor intrínseco e seu papel na teia da vida em nosso planeta natal. Será essencial levar espécies capazes de se adaptar e prosperar em novos ambientes, mas também aquelas que possam contribuir para a sustentabilidade e o equilíbrio ecológico de nossas futuras colônias.

A possibilidade de melhoramentos evolutivos artificiais nos seres vivos que nos acompanharão também levanta questões éticas importantes. Enquanto a ciência e a tecnologia podem nos permitir aprimorar as características dessas espécies para melhor se adaptarem aos desafios do espaço, devemos nos perguntar se temos o direito de intervir em seu curso natural de evolução e, se sim, até que ponto essa intervenção é justificável.

Ao considerar a propagação de plantas e animais da Terra por outros cantos do universo, devemos lembrar que cada mundo alienígena que encontrarmos terá seu próprio equilíbrio ecológico e uma história evolutiva única. Introduzir espécies terrestres nesses ambientes pode causar impactos imprevisíveis e, potencialmente, prejudiciais aos ecossistemas nativos. Portanto, nossos esforços devem se concentrar na preservação e no estudo desses ambientes naturais, aprendendo com sua riqueza biológica e buscando maneiras de coexistir harmoniosamente com a vida que já existe lá.

Ainda assim, é crucial não esquecer que a preservação da biodiversidade em nosso próprio planeta continua sendo uma responsabilidade fundamental da humanidade. À medida que avançamos em direção às estrelas, devemos nos esforçar para proteger e restaurar os ecossistemas terrestres e garantir um futuro sustentável para todas as formas de vida em nosso lar cósmico.

Em suma, a jornada da humanidade pelas estradas cósmicas exigirá uma abordagem ponderada e ética para decidir quais plantas e animais nos acompanharão, bem como para enfrentar os dilemas apresentados pelos melhoramentos evolutivos artificiais e a propagação de espécies terrestres no universo. Ao enfrentarmos essas questões com sabedoria e compaixão, poderemos garantir que nossa presença no cosmos seja marcada pelo respeito, pela preservação e reverência pela vida em todas as suas formas e em todos os lugares onde ela possa ser encontrada.

TIPOS DE CIVILIZAÇÕES

Ao olharmos para o vasto e infinito cosmos, somos invariavelmente tomados por uma mescla de espanto e curiosidade, maravilhados com a possibilidade de que, em meio a essa tapeçaria, outras civilizações possam compartilhar conosco o esplendor das estrelas. É nessa busca por compreender nosso lugar no universo e vislumbrar nossa evolução que nos deparamos com a escala de classificação de civilizações proposta pelo astrônomo russo Nikolai Kardashev.

A Escala de Kardashev é uma poética representação do potencial de desenvolvimento das civilizações, baseada em seu consumo de energia. Composta por três categorias principais — Tipo I, Tipo II e Tipo III —, essa escala nos guia por um possível caminho evolutivo que, se seguido, nos permitiria alcançar a verdadeira maestria do espaço-tempo.

ESTRADAS CÓSMICAS:
UM OLHAR SOBRE O FUTURO DA HUMANIDADE NO ESPAÇO SIDERAL

A Civilização Tipo I é aquela que aprendeu a dominar as forças de seu próprio planeta. Essa civilização é capaz de aproveitar toda a energia disponível em seu mundo natal, utilizando os recursos naturais de maneira eficiente e harmoniosa. Aqui, a humanidade atingiria um equilíbrio com a Terra, coexistindo em perfeita simbiose com a natureza.

Nesse momento, nossa civilização está no limiar da transição para o Tipo I, já que nosso consumo de energia ainda é limitado, e nosso relacionamento com o meio ambiente é conturbado. Ainda assim, temos dado passos importantes rumo à utilização de fontes renováveis, como a energia solar e a eólica, o que nos permitem vislumbrar um futuro mais sustentável.

Para alçarmos voo rumo ao estrelado domínio das civilizações espaciais, devemos nos transformar em uma Civilização Tipo II. Essa categoria abriga sociedades capazes de extrair e manipular a energia de uma estrela inteira, como o Sol. Nesse estágio, a humanidade seria capaz de construir estruturas como a Esfera de Dyson, uma engenhosa invenção teórica que permitiria capturar quase toda a energia emitida pelo Sol.

Ao alcançar tal patamar, não seríamos mais prisioneiros do nosso planeta natal. Estaríamos aptos a explorar os confins do espaço, expandindo nossa presença a outros mundos e estabelecendo uma verdadeira federação cósmica, unida pela busca do conhecimento e do progresso.

Por fim, no ápice do desenvolvimento, encontramos a Civilização Tipo III. Nesse estágio, a sociedade domina a energia de uma galáxia inteira, com um poder quase divino para moldar as estrelas e a matéria escura. Com tal capacidade, as leis do universo estariam a nosso serviço, e a noção de tempo e espaço seria apenas um conceito fluido, com viagens interestelares e intergalácticas tornando-se uma realidade trivial.

Almejar os próximos níveis dessa escala é o que nos impulsiona a nos tornar uma sociedade espacial. Devemos buscar incansavelmente esse futuro, pois é nele que reside a promessa de uma era dourada de paz, prosperidade e conhecimento sem precedentes. É na busca por essa era dourada que a humanidade encontrará seu verdadeiro propósito e unirá forças para superar os desafios que se colocam diante de nós.

Nessa era dourada, a tecnologia e a sabedoria estarão entrelaçadas como o vento e as ondas, impulsionando nossa sociedade a novas alturas de compreensão e colaboração. O céu não será mais o limite, pois teremos transcrito as fronteiras do espaço e do tempo, explorando os confins do universo em busca de outras civilizações com as quais compartilhar nossas experiências, conhecimentos e sonhos.

Essa busca pela evolução e pelo desenvolvimento não é apenas um desejo humano, mas uma necessidade intrínseca à nossa existência. Devemos perseguir os próximos níveis da escala de Kardashev com paixão e determinação, pois é apenas por meio dessa jornada que poderemos garantir a sobrevivência e o florescimento de nossa espécie.

Como poetas do cosmos, devemos tecer as palavras da ciência e da emoção em uma tapeçaria que une nosso desejo de exploração com a necessidade de compreender o universo ao nosso redor. A chave para alcançar essa era dourada reside em nosso compromisso com a inovação, a cooperação e a preservação do legado que herdamos de nossos ancestrais.

Que nossa jornada rumo à maestria do espaço-tempo seja marcada por um espírito de curiosidade, ousadia e respeito pela diversidade do cosmos! Assim, poderemos encontrar nosso lugar entre as estrelas e concretizar nossa evolução como uma verdadeira civilização espacial.

Em suma, almejar os próximos níveis da Escala de Kardashev é o que nos permitirá alcançar a era dourada da humanidade; é com essa busca que nos tornaremos os verdadeiros mestres do nosso destino, explorando os mistérios do universo e expandindo nossa compreensão do espaço e do tempo. Ao fazermos isso, deixaremos um legado duradouro para as gerações futuras, mostrando-lhes que é possível sonhar, crescer e evoluir além das fronteiras do nosso mundo natal.

EXPLORAÇÃO ESPACIAL BRASILEIRA

Bem-vindos(as) a mais um capítulo! Nestas páginas ficaremos na Terra, uma missão um pouco mais discreta, mas não menos importante; iremos a uma jornada pela história da Exploração Espacial no Brasil. Embora não seja o primeiro país que vem à mente quando se pensa em Exploração Espacial, sua história é importante e relativamente curta. Discutiremos agora como a Exploração Espacial começou no Brasil e como ela evoluiu ao longo do tempo.

Nossa história da Exploração Espacial remonta à década de 1950, quando o país começou a desenvolver seu programa de foguetes. Em 1961, o Brasil fundou o Instituto Nacional de Pesquisas Espaciais (INPE), que se tornou o principal órgão governamental responsável por supervisionar e coordenar as atividades espaciais do país. O INPE também é responsável por desenvolver tecnologias espaciais e conduzir pesquisas científicas na área.

No início, o programa espacial brasileiro foi limitado em recursos e capacidade. O Brasil lançou seu primeiro foguete, o VSB-30, em 1965, e seu primeiro satélite, o Satélite de Coleta de Dados (SCD-1), em 1993. Embora esses marcos tenham sido importantes para o programa espacial brasileiro, eles foram relativamente modestos em comparação com os de outros países.

No entanto, o Brasil continuou a investir em sua capacidade espacial e, nos anos 2000, começou a lançar satélites de observação da Terra em parceria com outros países. Em 2003, lançou seu primeiro satélite de observação da Terra, o CBERS-2, em parceria com a China. Desde então, lançou outros quatro satélites CBERS em parceria com a China, demonstrando sua capacidade de contribuir para a exploração e observação da Terra.

Além disso, o Brasil tem sido ativo em outras áreas da Exploração Espacial. Em 2006, o astronauta Marcos Pontes se tornou o primeiro brasileiro a viajar para o espaço, como parte de uma missão da Agência Espacial Russa.

O Brasil também está envolvido em várias iniciativas internacionais na área da Exploração Espacial. Em 2015, se juntou ao Observatório Europeu do Sul (ESO), uma organização internacional de pesquisa astronômica. O país também faz parte do Programa de Observação da Terra da União Europeia e está envolvido em projetos com a NASA e outras agências espaciais internacionais.

No entanto, como muitos países em desenvolvimento, o Brasil ainda encontra desafios em sua capacidade espacial. Seu programa espacial depende, em grande parte, do financiamento do governo, que pode ser limitado em tempos de crise econômica. Além disso, o Brasil ainda precisa desenvolver suas próprias tecnologias espaciais e reduzir sua dependência de parcerias internacionais.

Apesar disso, o futuro da Exploração Espacial brasileira parece brilhante, pois o país continua investindo em sua capacidade espacial e tem demonstrado um comprometimento crescente em explorar as possibilidades oferecidas pelo espaço. O Brasil tem planos ambiciosos para o futuro, incluindo o desenvolvimento de tecnologias espaciais próprias e o lançamento de novos satélites.

Uma das áreas de foco é a exploração do Espaço Sideral. O país está trabalhando em parceria com outros países para desenvolver uma missão de exploração do planeta Marte. O objetivo é enviar uma missão não tripulada para Marte que coletará informações científicas valiosas sobre o planeta vermelho.

Além disso, o Brasil está investindo em tecnologias espaciais avançadas, como o desenvolvimento de foguetes de maior capacidade, o que lhe permitirá que lançar satélites de maior tamanho e peso, aumentando sua capacidade de observação e coleta de dados.

Outra área em que o Brasil está se destacando é a pesquisa científica. O país tem uma forte comunidade científica e está trabalhando em colaboração com agências espaciais internacionais para conduzir pesquisas em áreas, como Astronomia, Física e Biologia. O Brasil também está desenvolvendo tecnologias espaciais inovadoras, como um sistema de monitoramento de desmatamento baseado em satélite.

Entretanto, o futuro da Exploração Espacial brasileira não é apenas sobre o desenvolvimento de tecnologias avançadas e a condução de pesquisas científicas; também é sobre o potencial de inspirar e educar uma nova geração de cientistas e exploradores. O país tem uma população jovem e diversa, que pode ser inspirada pela exploração do espaço e motivada a seguir carreiras em ciência, tecnologia, engenharia e matemática.

O Brasil também tem um papel importante a desempenhar na promoção da cooperação internacional na área da Exploração Espacial, já tem parcerias em andamento com várias agências espaciais internacionais e pode ajudar a construir pontes entre países em desenvolvimento e as nações mais avançadas em termos de capacidade espacial.

Em suma, a história da Exploração Espacial brasileira é importante e está em constante evolução. Embora o país ainda apresente obstáculos em sua capacidade espacial, o futuro parece brilhante, pois está investindo em tecnologias avançadas, conduzindo pesquisas científicas valiosas e inspirando a próxima geração de exploradores. Com uma visão ambiciosa e um compromisso renovado com a Exploração Espacial, o Brasil pode fazer contribuições importantes para a humanidade em nossa jornada de descoberta e exploração do universo.

PROGRAMA ESPACIAL BRASILEIRO

O Programa Espacial Brasileiro (PEB) é um programa de Exploração Espacial liderado pela Agência Espacial Brasileira (AEB), que tem por objetivo promover o desenvolvimento científico e tecnológico do país. Desde sua criação, em 1961, o tem contribuído para o fortalecimento da indústria aeroespacial brasileira e para a expansão dos conhecimentos em áreas, como satélites, astrofísica e sensoriamento remoto.

O PEB começou suas atividades com a criação do Centro de Lançamento de Alcântara, no estado do Maranhão, em 1983. Desde então, o centro tem sido um importante ponto de partida para lançamentos de satélites e foguetes, além de abrigar o Instituto de Aeronáutica e Espaço, responsável pela formação de profissionais na área aeroespacial.

O Brasil tem mostrado um grande interesse em expandir suas atividades no espaço, e o PEB tem sido fundamental nesse sentido. Em 1993, o país lançou seu primeiro satélite artificial, o SCD-1, desenvolvido pela AEB em parceria com a Universidade Federal de Santa Catarina. Desde então, o país já lançou mais de 20 satélites para diversas finalidades, como comunicação, meteorologia, observação da Terra e experimentos científicos.

Outra área em que o PEB tem se destacado é a pesquisa em astrofísica. Em 2003, o Brasil se tornou um dos membros fundadores do Observatório Gemini, um consórcio internacional de telescópios localizados no Havaí e no Chile. Desde então, o país tem tido acesso a alguns dos mais avançados instrumentos de observação astronômica do mundo, o que tem permitido a realização de pesquisas de ponta em áreas, como estrelas, galáxias e buracos negros.

Além disso, o PEB tem sido utilizado para aprimorar a tecnologia brasileira em outras áreas, como sensoriamento remoto. Com a ajuda de satélites de observação, é possível monitorar florestas, oceanos e outras regiões do país, o que tem permitido a elaboração de políticas públicas mais eficientes e o combate a atividades ilegais, como o desmatamento e a pesca predatória.

No entanto, é importante lembrar que a Exploração Espacial é uma atividade complexa e que requer um grande investimento. Além disso, é fundamental que os governos tenham um compromisso de longo prazo com o programa, pois os resultados nem sempre são imediatos.

O Brasil tem um grande potencial na área espacial, mas é preciso um esforço contínuo para o desenvolvimento do PEB. É necessário investir em pesquisa e desenvolvimento, em infraestrutura e em formação de profissionais qualificados. Somente assim o país poderá se tornar uma potência na Exploração Espacial e contribuir para a expansão do conhecimento científico e tecnológico.

Para concluir, gostaria de reiterar que o PEB é uma iniciativa de grande importância para o desenvolvimento científico e tecnológico do Brasil e que o país tem demonstrado um compromisso sério com a Exploração Espacial e obtido bons resultados nessa área.

Contudo, não podemos esquecer que a Exploração Espacial não é uma atividade isolada, ela está intimamente ligada a outros setores da sociedade, como educação, indústria e meio ambiente. Portanto, é fundamental que o PEB esteja integrado a outras políticas públicas, de modo a maximizar seus benefícios para a sociedade como um todo.

Por fim, gostaria de parabenizar a AEB e todos os profissionais envolvidos no PEB pelo trabalho realizado até aqui. Espero que o Brasil continue avançando nessa área, explorando novos horizontes e contribuindo para a expansão do conhecimento humano. O espaço é o futuro da humanidade, e o Brasil tem um papel importante a desempenhar nessa jornada rumo às estrelas.

TECNOLOGIA ESPACIAL BRASILEIRA

O Brasil tem uma indústria emergente de tecnologia espacial, que está se desenvolvendo rapidamente. Desde a criação da AEB, em 1994, o país tem investido em pesquisa e desenvolvimento na área espacial, com o objetivo de se tornar uma potência nessa área.

Uma das áreas em que o Brasil tem se destacado é o desenvolvimento de satélites. Desde o lançamento do primeiro satélite brasileiro, em 1985, o país já lançou mais de 20 satélites de diferentes finalidades, como telecomunicações, meteorologia e observação da Terra. Além disso, tem investido na criação de satélites de maior porte, como o Satélite Geoestacionário de Defesa e Comunicações Estratégicas (SGDC), lançado, em 2017, em parceria com a empresa francesa Thales Alenia Space.

Outra área em que o Brasil tem investido é o desenvolvimento de foguetes. Desde a criação do Centro de Lançamento de Alcântara, em 1983, o país tem lançado foguetes para diferentes finalidades, como a realização de experimentos científicos em microgravidade e o lançamento de satélites. O Brasil tem trabalhado em parceria com outros países, como a Ucrânia e a Rússia, para o desenvolvimento de novas tecnologias de foguetes.

Além disso, tem se destacado na pesquisa em áreas, como astrofísica e sensoriamento remoto. O país é membro do Observatório Gemini, um consórcio internacional de telescópios, desde 2003, com isso tem acesso a alguns dos mais avançados instrumentos de observação astronômica do mundo, o que tem permitido a realização de pesquisas de ponta em áreas como estrelas, galáxias e buracos negros. O Brasil também tem investido na criação de satélites de sensoriamento remoto, que possibilitam monitorar o meio ambiente, as cidades e a agricultura, entre outras finalidades.

É importante destacar que a tecnologia espacial não é importante apenas para a exploração do espaço. Ela tem aplicações em diversas áreas, como a comunicação, a meteorologia, a defesa e o meio ambiente. O Brasil tem potencial para se tornar um importante fornecedor de tecnologia espacial para o mundo, e isso pode impulsionar a economia do país.

No entanto, é importante lembrar que a tecnologia espacial é uma área de grande investimento e que requer um compromisso de longo prazo por parte do governo e das empresas. É fundamental que o Brasil continue investindo em pesquisa e desenvolvimento, em infraestrutura e em formação de profissionais qualificados, para que possa competir com outros países nessa área.

Para concluir, gostaria de parabenizar o Brasil pelo trabalho realizado até aqui na área de tecnologia espacial; o país tem demonstrado um grande potencial nessa área e tem contribuído para o avanço da ciência e da tecnologia em todo o mundo. Espero que continue avançando nessa área, explorando novas fronteiras e contribuindo para a expansão do conhecimento humano sobre o universo.

MISSÕES ESPACIAIS BRASILEIRAS

O Brasil tem participado ativamente de missões espaciais internacionais, com o objetivo de contribuir para o avanço da ciência e da tecnologia em todo o mundo. Uma delas é a Estação Espacial Internacional (ISS).

Desde 2006, o país tem enviado astronautas para a ISS, em parceria com a NASA e outras agências espaciais. Esses astronautas têm realizado experimentos científicos em microgravidade, que permitem o estudo de fenômenos que não podem ser observados na Terra, como a formação de proteínas e a regeneração de tecidos.

Além disso, o Brasil tem colaborado com outras agências espaciais em missões de lançamento de satélites. Desde o lançamento do primeiro satélite brasileiro, em 1985, tem desenvolvido tecnologias para o lançamento de satélites de diferentes finalidades, como telecomunicações, meteorologia e observação da Terra.

O Brasil também tem se destacado na área de sensoriamento remoto. O país desenvolveu satélites, como o Amazonia-1, lançado em fevereiro de 2021, com o objetivo monitorar o meio ambiente, especialmente a Amazônia, e contribuir para a elaboração de políticas públicas para a preservação do meio ambiente.

É importante destacar que as missões espaciais não são realizadas apenas por países desenvolvidos. Países em desenvolvimento, como o Brasil, têm um papel importante na Exploração Espacial. A participação em missões espaciais internacionais permite que o país desenvolva tecnologias de ponta e adquira conhecimentos em áreas, como ciência, engenharia e gestão de projetos. Porém, é importante lembrar essas missões são complexas e exigem um grande investimento por parte do governo e das empresas, por isso é essencial que o Brasil continue investindo em pesquisa e desenvolvimento, em infraestrutura e em formação de profissionais qualificados, para continuar participando de missões cada vez mais complexas e ambiciosas.

PARCERIAS INTERNACIONAIS

O Brasil tem desenvolvido parcerias internacionais em várias áreas relacionadas à Exploração Espacial, incluindo o desenvolvimento de satélites, o lançamento de foguetes e a participação em missões espaciais internacionais. Essas parcerias são importantes para o desenvolvimento da indústria aeroespacial brasileira e para a expansão dos conhecimentos em áreas, como astrofísica, sensoriamento remoto e ciências da vida.

Uma das principais parcerias é com a Agência Espacial Europeia (ESA). Desde 2003, o Brasil tem colaborado com a ESA em projetos, como o Observatório Gemini e a missão ExoMars. O Observatório Gemini é um consórcio internacional de telescópios localizados no Havaí e no Chile, que permite a realização de pesquisas de ponta em áreas, como estrelas, galáxias e buracos negros. Já a missão ExoMars tem como objetivo procurar sinais de vida em Marte, e o Brasil está contribuindo para o desenvolvimento de equipamentos para essa missão.

O país também tem colaborado com outras nações, como a Rússia e a Ucrânia, em projetos de desenvolvimento de foguetes e lançamento de satélites. Em 2019, o Brasil e a Rússia assinaram um acordo de cooperação para o desenvolvimento de um novo foguete, o Cyclone-4M, que será lançado a partir do Centro de Lançamento de Alcântara, no Maranhão. Além disso, o país tem colaborado com a China em projetos de sensoriamento remoto e monitoramento ambiental.

É importante destacar que as parcerias internacionais não são importantes apenas para o Brasil, elas são fundamentais também para a Exploração Espacial em todo o mundo. A cooperação entre países permite o compartilhamento de tecnologias, conhecimentos e recursos, o que é essencial para o avanço da ciência e da tecnologia em todo o mundo.

No entanto, é importante lembrar que essas parcerias requerem um esforço conjunto por parte dos países envolvidos, portanto é fundamental um compromisso de longo prazo para que elas possam ser efetivas e duradouras.

Para concluir, gostaria de parabenizar o Brasil pelas parcerias internacionais desenvolvidas na área de Exploração Espacial, que são tão importantes para o desenvolvimento da indústria aeroespacial brasileira e para a expansão dos conhecimentos em áreas relacionadas à Exploração Espacial. Espero que o país continue colaborando com outros países nessa área, contribuindo para o avanço da ciência e da tecnologia em todo o mundo.

CONTRIBUIÇÕES PARA A EXPLORAÇÃO ESPACIAL

O Brasil tem contribuído para a Exploração Espacial de várias maneiras, por exemplo, com a participação em missões espaciais internacionais. Desde 2006, o país tem enviado astronautas para a ISS, em parceria com a NASA e outras agências espaciais. Esses astronautas têm realizado experimentos científicos em microgravidade, que permitem o estudo de fenômenos que não podem ser observados na Terra, como a formação de proteínas e a regeneração de tecidos.

Outra contribuição importante do Brasil nessa área é o desenvolvimento de tecnologia espacial. O país tem investido em pesquisa e desenvolvimento de tecnologias, como foguetes, satélites e instrumentos de observação astronômica. Além disso, tem colaborado com outros países em projetos de desenvolvimento de tecnologias espaciais, como o Cyclone-4M, um novo foguete desenvolvido em parceria com a Rússia.

É importante destacar que as contribuições do Brasil para a Exploração Espacial não são importantes apenas para o país. Elas são fundamentais para a Exploração Espacial em todo o mundo. O Brasil tem potencial para se tornar um importante fornecedor de tecnologia espacial para o mundo, e isso pode impulsionar a economia do país.

No entanto, é importante lembrar que a Exploração Espacial é uma atividade de grande investimento e que requer um compromisso de longo prazo por parte do governo e das empresas. É fundamental que o Brasil continue investindo em pesquisa e desenvolvimento, em infraestrutura e em formação de profissionais qualificados, para que possa contribuir cada vez mais para a Exploração Espacial em todo o mundo.

Para concluir, gostaria de parabenizar o Brasil pelas contribuições feitas até aqui para a Exploração Espacial. O país tem demonstrado um grande potencial nessa área e tem contribuído para o avanço da ciência e da tecnologia em todo o mundo. Espero que o Brasil continue contribuindo para a Exploração Espacial, explorando novas fronteiras e impulsionando a economia do país.

PEQUENOS SATÉLITES, GRANDES INICIATIVAS

Aqui nossa jornada é abordar sobre uma iniciativa inovadora e inspiradora no Brasil, que está ajudando a abrir novos caminhos na Exploração Espacial. Estou falando da Olimpíada Brasileira de Satélites, também conhecida como OBSAT, uma competição que desafia jovens estudantes a explorar o universo por meio da construção de seus próprios satélites.

A OBSAT é uma iniciativa do Ministério da Ciência, Tecnologia e Inovações (MCTI), que busca promover a ciência, tecnologia, engenharia e matemática entre os jovens brasileiros e incentivar a inovação e o empreendedorismo. A competição é aberta a estudantes do ensino fundamental, médio e técnico de todo o país e desafia os participantes a projetar, construir e lançar seus próprios satélites.

Os competidores trabalham em equipes; cada uma recebe um kit com todos os componentes necessários para construir o satélite, incluindo a placa controladora, sensores e antenas. Os alunos têm seis meses para construir o satélite e enviar suas propostas de lançamento para uma banca de juízes, que avalia as propostas e seleciona as melhores para o lançamento.

Os satélites são lançados com os de outras instituições em foguetes suborbitais ou em balões de alta altitude. Eles coletam dados e enviam informações para a equipe da competição, que os analisa e apresenta suas conclusões em uma feira de ciências.

A OBSAT é uma iniciativa emocionante que estimula o interesse pela Exploração Espacial entre os jovens brasileiros. A competição incentiva os alunos a desenvolver habilidades em ciência, tecnologia, engenharia e matemática, além de promover o trabalho em equipe, a inovação e o empreendedorismo.

A OBSAT não é apenas uma experiência educacional, ela também tem implicações importantes na indústria espacial brasileira, ao fornecer uma oportunidade para a próxima geração de engenheiros e cientistas brasileiros ganhar experiência prática em tecnologias espaciais e adquirir conhecimentos valiosos que podem ser aplicados em futuros projetos de Exploração Espacial.

Além disso, ajuda a fomentar a colaboração entre universidades, instituições de pesquisa e empresas de tecnologia. Os participantes têm a oportunidade de trabalhar em projetos com outras instituições, compartilhar conhecimentos e adquirir habilidades valiosas em trabalho em equipe e gerenciamento de projetos.

A OBSAT também está ajudando a promover o Brasil como um centro de excelência em tecnologia espacial e está atraindo a atenção de instituições de pesquisa e empresas de tecnologia de todo o mundo, interessadas em trabalhar com as equipes participantes.

A OBSAT também é um importante estímulo para o desenvolvimento da indústria espacial no Brasil, pois fomenta a inovação e a criação de novas tecnologias espaciais, bem como ajuda a criar um ambiente mais favorável para a Exploração Espacial no país. Com o apoio do governo e a dedicação de jovens estudantes, o Brasil pode fazer contribuições significativas para a humanidade em nossa jornada de descoberta e exploração do universo.

A OBSAT é uma prova de que o Brasil tem um enorme potencial para se tornar uma potência em tecnologia espacial. O país tem recursos naturais valiosos, uma população jovem e diversa, além de uma forte tradição em ciência e tecnologia. Com o investimento adequado e o comprometimento contínuo do governo e do setor privado, pode se tornar um líder global na Exploração Espacial e ajudar a moldar o futuro do nosso mundo.

A OBSAT é ainda uma lembrança importante de que a Exploração Espacial não é apenas sobre tecnologia e inovação; é sobre a exploração do desconhecido, a busca pelo conhecimento e a inspiração de uma nova geração de exploradores. A competição incentiva a curiosidade e a imaginação dos jovens brasileiros, e isso pode ter um impacto positivo duradouro em nosso mundo.

A Olimpíada é uma iniciativa inspiradora que está abrindo novos caminhos na Exploração Espacial no Brasil e promovendo a ciência, tecnologia, engenharia e matemática entre os jovens brasileiros, além de incentivar a inovação e o empreendedorismo, bem como ajudar a criar um ambiente mais favorável para a indústria espacial no país. Com

MINHA HUMILDE CONTRIBUIÇÃO

Estimados(as) leitores(as), é com uma perspectiva poética da ciência que compartilho, nestas páginas, a notável jornada vivida pela equipe do Programa Cidade Olímpica Educacional, que tive o prazer de orientar. Em 2022, ela alcançou o primeiro lugar do Norte e Nordeste na terceira fase da OBSAT.

Essa equipe, composta por estudantes do ensino fundamental de escolas públicas de Teresina, Piauí, uniu-se para participar da OBSAT, uma aventura que desafiou sua curiosidade ao construir satélites próprios e, assim, inspirar jovens brasileiros em projetos em STEAM.

Sob minha orientação, e com a ajuda de colegas professores, amigos e da Secretaria de Educação de nossa cidade, esses jovens dedicados trabalharam, por alguns anos, na construção de um protótipo de nano satélite projetado para coletar dados meteorológicos e ambientais. Utilizando sensores para medir temperatura, umidade e pressão atmosférica, e sensores para medir os índices de radiação ultravioleta na atmosfera, assim como a concentração de ozônio, o satélite foi equipado com um sistema de transmissão para enviar os dados coletados de volta à equipe.

A competição foi acirrada, com equipes de todo o Brasil, mas a do Programa Cidade Olímpica Educacional destacou-se pela habilidade técnica, inovação e pelo trabalho em grupo. Apresentou um projeto sólido e bem planejado, que impressionou os juízes e encheu de orgulho os corações de seus mentores.

Celebramos essa conquista com satisfação, um marco para o estado do Piauí e para o Nordeste do Brasil. Uma demonstração de que a dedicação, o trabalho em equipe e o compromisso com a educação podem elevar nossos jovens a grandes realizações, impulsionando-os ao sucesso em áreas STEAM.

Alcançamos o primeiro lugar em quatro ocasiões distintas: no desafio de satélites da 17ª SNCT, no primeiro lugar estadual, no primeiro lugar regional e no primeiro lugar das regiões Norte e Nordeste. Mesmo com nossas limitações econômicas e técnicas, alcançamos o terceiro lugar nacional, conscientes de que demos nosso melhor.

A equipe do Programa Cidade Olímpica Educacional é um farol de esperança e inspiração para outros estudantes e educadores em todo o país, mostrando que o Brasil tem um enorme potencial para se tornar líder global na Exploração Espacial e um centro de excelência em STEAM.

Em suma, essa equipe é um exemplo do incrível potencial dos jovens brasileiros em ciência, tecnologia, engenharia e matemática. Sua conquista na OBSAT é uma inspiração para estudantes em todo o país, e seu sucesso é uma homenagem ao trabalho dedicado e empenhado de todos os mentores, educadores e amigos que, assim como eu, acreditam na capacidade de transformar o futuro da humanidade por meio do conhecimento e da apreciação pela exploração do cosmos. Que esse exemplo sirva para abrir o caminho para novos projetos de jovens estudantes em nossa região, incentivando-os a buscar suas paixões e a contribuir para o progresso da ciência e da tecnologia!

CONCLUSÃO

Na conclusão dessa jornada de exploração pelos vastos reinos do cosmos, nos deparamos com o infinito e o desconhecido, contemplando o futuro da humanidade com um misto de assombro e humildade. Nossas reflexões sobre o desenvolvimento científico atual, os padrões evolutivos e comerciais e o comportamento social nos levam a vislumbrar um futuro repleto de possibilidades e dificuldades.

Com palavras poéticas, desenhamos os contornos de um futuro que se baseia em nosso atual conhecimento científico, nas perspectivas evolutivas moldadas pela seleção natural e nas tendências observadas em nossa sociedade, no entanto não existe uma garantia inabalável de que tudo o que descrevemos no livro aconteça. Somos conscientes de que a rota pela qual navegaremos pelo cosmos é incerta e que nossas escolhas e decisões moldarão o legado que deixaremos para as gerações vindouras.

Neste momento crucial da história humana, é imperativo que valorizemos e invistamos na ciência e na educação. A busca pelo conhecimento e pela compreensão do universo é a chave para garantir nossa sobrevivência como espécie e para enfrentarmos os desafios que surgirão em nossa jornada pelo Espaço Sideral.

Também devemos lembrar que nossa capacidade de moldar o futuro não é infalível. Decisões equivocadas e ações irresponsáveis podem nos levar ao precipício, nos impedindo de alcançar nosso verdadeiro potencial e explorar as maravilhas do cosmos. Cabe a nós aprendermos com os erros do passado e que nos esforçarmos para criar um futuro sustentável e harmonioso para todos os seres vivos.

É com um olhar poético que encerro esta reflexão sobre o futuro da humanidade no Espaço Sideral. Um futuro que é tanto inspirador quanto incerto, repleto de possibilidades e desafios. Um futuro que depende de nós, de nossas escolhas e de nosso compromisso em investir na ciência e na educação, em buscar a sabedoria e em respeitar o equilíbrio delicado do universo que nos rodeia.

Que a humanidade possa sempre olhar para as estrelas com admiração e humildade, reconhecendo que somos apenas uma pequena parte de um vasto e misterioso cosmos! Que possamos trilhar nosso caminho pelos céus, com coragem e sabedoria, honrando a herança de nossos ancestrais e criando um legado do qual possamos nos orgulhar! Em última análise, é nossa responsabilidade assegurar que o futuro seja brilhante, não só para nós, mas também para todas as formas de vida que compartilham esta magnífica tapeçaria cósmica.

EVOLUÇÃO DA CONSCIÊNCIA HUMANA

Enquanto navegamos pelo vasto oceano cósmico, nossos olhos fitam o infinito com admiração e reverência, e nossas mentes se voltam para a evolução de nossa consciência e compreensão como espécie. À medida que alçamos voo em direção às estrelas, é de suma importância refletirmos sobre o legado que deixamos e o papel que desempenhamos no grandioso balé do universo.

Em nossa jornada rumo ao desconhecido, seremos compelidos a olhar para dentro de nós mesmos e a reconhecer a necessidade de desenvolver uma ética universal e um senso de responsabilidade que abarque todas as formas de vida e ecossistemas, tanto na Terra quanto além dela. É com essa consciência que somos chamados a proteger e preservar o precioso dom da vida em todas as suas manifestações.

Com o avanço de nossa compreensão científica e tecnológica, seremos confrontados com dilemas éticos e morais cada vez mais complexos. Nessa encruzilhada de conhecimento e sabedoria, devemos buscar um equilíbrio entre o desejo de explorar e a responsabilidade de proteger os ecossistemas e seres vivos que habitam os confins do cosmos.

À medida que nossa consciência evolui, somos chamados a cultivar uma compaixão que transcende as fronteiras de nossa própria espécie, estendendo-se a todas as criaturas que compartilham este universo conosco. Devemos nos esforçar para desenvolver uma ética que abrace a diversidade da vida em todos os seus aspectos, reconhecendo a interconexão e a interdependência de todos os seres.

Nessa dança cósmica de luz e sombra, é fundamental nos conscientizarmos do impacto de nossas ações e das escolhas que fazemos. Nossos passos no caminho rumo às estrelas devem ser guiados por uma ética do cuidado e respeito, garantindo que nossa presença no universo seja um farol de amor e compreensão, e não uma força destrutiva e insensível.

Que possamos, como espécie, abraçar a sabedoria e a humildade necessárias para trilhar esse caminho cósmico com responsabilidade e compaixão! Que possamos nos tornar guardiões do universo, zelando pela preservação e proteção de todas as formas de vida e ecossistemas, tanto na Terra quanto além dela!

Assim, com corações abertos e mentes sábias, avançamos em direção ao cosmos, guiados pela luz da consciência e pela chama do amor que arde dentro de cada um de nós. Que sejamos testemunhas e participantes ativos da evolução de nossa consciência como espécie e que, juntos, forjemos um futuro em que a harmonia, a paz e a preservação da vida sejam os pilares de nossa existência no universo!

A IMPORTÂNCIA DA COOPERAÇÃO GLOBAL

Em tempos de transição e mudança, como aqueles em que nos encontramos, somos convocados a nos unir como habitantes desse pequeno ponto azul que flutua no espaço infinito. Com a expansão de nossa presença cósmica e a crescente necessidade de explorar novas fronteiras, é imperativo que a humanidade se una em cooperação global, estabelecendo uma governança espacial efetiva que garanta a exploração pacífica e responsável do espaço e a distribuição justa dos recursos e benefícios que ele possa oferecer.

Nesse cenário de unidade e compreensão, devemos reconhecer que as estrelas que brilham no céu noturno são patrimônio comum de todos os seres humanos, independentemente de fronteiras geográficas ou diferenças culturais. É nosso dever coletivo garantir que os benefícios proporcionados pela Exploração Espacial sejam compartilhados por todos, promovendo a equidade e a justiça em nossa busca pelo conhecimento e pelo desenvolvimento.

De mãos dadas, nações de todo o mundo devem se comprometer com a criação de uma estrutura de governança espacial que valorize a paz, a cooperação e a proteção do meio ambiente interplanetário. Juntos, devemos garantir que a conquista do espaço seja pautada pela responsabilidade e pelo respeito à diversidade da vida e à integridade dos ecossistemas cósmicos.

Nossa jornada rumo às estrelas deve ser marcada por um espírito de colaboração e compreensão mútua, com a humanidade trabalhando em conjunto para enfrentar os desafios que se apresentam à medida que avançamos em direção ao desconhecido. É essencial que reconheçamos a importância de compartilhar nossos conhecimentos, recursos e experiências, forjando um caminho comum em nossa exploração do cosmos.

Que possamos nos inspirar no brilho das estrelas e na imensidão do universo, lembrando-nos de que somos todos passageiros a bordo dessa nave espacial chamada Terra. Juntos, temos a oportunidade de criar um futuro em que a cooperação global e a governança espacial efetiva sejam a norma, abrindo caminho para uma era de paz, prosperidade e descobertas cósmicas.

Que essa cooperação comece agora, com nossos corações abertos e mentes alinhadas, para que possamos dar os primeiros passos em direção a uma era de Exploração Espacial marcada pela unidade, pela compreensão e pelo amor! Que nosso compromisso com a cooperação global e a governança espacial efetiva se torne a base sólida sobre a qual construiremos nossas futuras conquistas cósmicas e garantiremos um legado de paz, justiça e sustentabilidade para as gerações vindouras!

O PAPEL DA CIÊNCIA E DA TECNOLOGIA

Nesse vasto e infinito universo, paira uma pergunta profunda e inescapável, que ecoa nas mentes e nos corações da humanidade: seremos capazes de nos tornar uma espécie interestelar ou permaneceremos eternamente confinados em nosso berço terrestre? A resposta a esse enigma cósmico reside em nossas próprias mãos, em nossa capacidade de valorizar a ciência, os cientistas e o desenvolvimento de tecnologias que nos permitam navegar pelos mares estelares.

Em nosso caminho rumo às estrelas, encontramos obstáculos e incertezas, que exigem coragem, sabedoria e determinação. E é justamente com o conhecimento científico e o avanço tecnológico que podemos encontrar as chaves para destrancar as portas do cosmos e garantir a sobrevivência de nossa espécie no grande teatro do Espaço Sideral.

Os cientistas, esses bravos exploradores do desconhecido, são os faróis que iluminam nosso caminho rumo a um futuro interplanetário. É nossa responsabilidade, enquanto sociedade, valorizar seus esforços e investir em suas descobertas, pois são eles que desvendam os mistérios do universo e desbravam novas fronteiras para a humanidade.

Ao abraçarmos a ciência e a tecnologia como guias em nossa jornada cósmica, não apenas garantimos a sobrevivência de nossa espécie, mas também abrimos caminho para um futuro de progresso e prosperidade. Porém, se negligenciarmos o poder do conhecimento e da inovação, corremos o risco de nos prendermos à Terra, impedindo que nosso destino se desenrole entre as estrelas.

Portanto, é imperativo que, como sociedade, unamos nossos esforços para investir na ciência e no desenvolvimento tecnológico, entendendo que é por meio dessa colaboração que forjaremos nosso caminho rumo ao cosmos. A diferença entre alcançarmos as estrelas ou permanecermos presos em nosso pequeno planeta azul está nas escolhas que fazemos hoje e na dedicação com que apoiamos o avanço científico.

Em um tom poético, podemos imaginar um futuro em que a humanidade alcança as estrelas e dança com os planetas, em que nossos filhos e filhas navegam pelos mares interestelares e estabelecem laços de amor e amizade entre as galáxias. Porém, para que esse sonho se torne realidade, devemos abraçar a ciência e a tecnologia, honrar e apoiar nossos cientistas e investir em um futuro brilhante e estelar para todos.

Que possamos, então, fazer as escolhas corretas e unir nossas forças para construir um legado de exploração interestelar, garantindo a sobrevivência e prosperidade de nossa espécie entre as estrelas, por que, no final, somos todos feitos do mesmo pó de estrelas, e é nosso destino retornar ao cosmos, de onde viemos.

O LEGADO HUMANO NO COSMOS

Em meio à vastidão do universo, onde incontáveis estrelas e galáxias desfilam em um balé silencioso, a humanidade se encontra diante de um dilema cósmico: que legado desejamos deixar no tapete estelar da existência? Somos chamados a refletir sobre nossas ações e escolhas, sobre como elas moldarão nosso futuro e sobre a presença de nossa espécie no grande palco do cosmos.

À medida que avançamos em direção às estrelas, é fundamental ponderarmos o tipo de viajantes que queremos ser. Seremos aqueles que trazem consigo o respeito, a sabedoria e a compaixão em sua jornada interestelar ou seremos marcados pela ganância, imprudência e indiferença? A resposta a essa pergunta reside em nossos corações e mentes, em nossa capacidade de escolher a luz sobre a escuridão e a harmonia sobre o conflito.

Ao contemplarmos o céu noturno, somos lembrados de nossa insignificância diante da imensidão do universo e, ao mesmo tempo, de nossa responsabilidade como seres conscientes. Somos guardiões do legado que deixaremos aos nossos descendentes, e cabe a nós assegurar que esse legado seja marcado por valores nobres e virtudes elevadas.

Devemos abraçar a humildade e a gratidão em nossa exploração do espaço, reconhecendo que somos apenas um pequeno fragmento do todo, mas que, ainda assim, temos o poder de afetar o universo à nossa volta. Precisamos aprender a escutar a sabedoria dos astros, a compreender os sussurros das galáxias e a respeitar a sacralidade da vida em todas as suas formas.

Neste épico conto cósmico, convido você, caro leitor(a), a considerar como nossas escolhas e ações podem garantir que nossa presença no espaço seja marcada pelo amor, pelo cuidado e pela cooperação. Imaginemos juntos um futuro em que nossa exploração das estrelas seja guiada por ideais elevados, em que a solidariedade e a generosidade sejam a bússola que nos guiará pelos mares celestes.

Nesse universo infinito e misterioso, que nossas pegadas cósmicas sejam impressões de luz e bondade, que nosso legado seja um farol de esperança e sabedoria para as gerações futuras e que possamos, em nossa busca por conhecimento e entendimento, encontrar a força e a coragem para abraçar a compaixão, a empatia e a justiça como nossos aliados na conquista do cosmos.

Afinal, somos todos feitos da mesma matéria estelar, e é nosso destino compartilhado trilhar esse caminho cósmico com respeito, sabedoria e compaixão. Que possamos, juntos, tecer um legado luminoso e eterno nas estrelas e que esse legado seja um testemunho da grandeza e do potencial do espírito humano!

A BUSCA CONTÍNUA POR CONHECIMENTO E COMPREENSÃO

Navegaremos pelo oceano cósmico, com corações repletos de curiosidade e mentes ávidas por conhecimento. Somos uma espécie que busca, incessantemente, desvendar os mistérios que permeiam o universo e, simultaneamente, compreender a essência de nosso próprio ser. Em nosso caminhar pelas estradas estelares, somos convidados a manter viva a chama da busca, a permanecer curiosos, humildes e abertos à aprendizagem e ao crescimento.

A imensidão do cosmos nos lembrará a importância de questionar o que sabemos e de nos maravilhar diante do desconhecido. À medida que nos tornamos uma espécie interplanetária e, eventualmente, interestelar, devemos cultivar a humildade e a reverência diante da magnitude do universo, pois é na interação com o desconhecido que encontramos a oportunidade de evoluir, de expandir nossos horizontes e de tecer os fios de nossa compreensão.

Em nossa jornada cósmica, seremos chamados a permanecer curiosos e humildes, reconhecendo que o conhecimento é uma fonte inesgotável de inspiração e sabedoria. A curiosidade é o combustível que impulsiona nossa busca por respostas, levando-nos a explorar os confins do espaço e a sondar as profundezas de nossa própria natureza. É ela que nos instiga a olhar para além do horizonte visível, a questionar o que foi dado como certo e a imaginar o que ainda está por vir.

A humildade, por sua vez, nos ensina a reconhecer nossas limitações e a aceitar que, por mais que avancemos em nossa compreensão, sempre haverá mistérios a serem desvendados. Ela nos lembra que somos apenas uma parte minúscula do grande tecido do universo e que, mesmo assim, temos o potencial de alcançar as estrelas e deixar nossa marca no cosmos.

Conforme nos aventuramos pelo Espaço Sideral, enfrentando desafios e descobrindo novos mundos, devemos lembrar que nossa busca por conhecimento e compreensão é eterna. Nossa jornada interestelar é um convite a cultivar a curiosidade e a humildade, a apreciar a beleza e a complexidade do universo e a aprender com as lições que ele nos oferece.

Que possamos, então, seguir adiante com corações curiosos e mentes abertas, abraçando o desconhecido e celebrando a infinitude do conhecimento, pois é pela busca constante por entendimento, tanto sobre o universo que nos rodeia quanto sobre nós mesmos, que encontraremos nosso caminho no vasto oceano cósmico e nos tornaremos dignos herdeiros das estrelas.

A VISÃO OTIMISTA DO FUTURO

Ao findar nossa jornada poética e científica neste pequeno livro, quero encerrar contemplando com você o horizonte estelar com um olhar otimista, vislumbrando as possibilidades infinitas que o futuro nos reserva. Nosso caminho em direção ao cosmos é repleto de problemas e incertezas, mas também de esperança e inspiração, pois é no Espaço Sideral que encontramos a chave para desvendar os mistérios mais profundos e escrever o próximo capítulo da saga humana.

Somos filhos das estrelas, descendentes de átomos de hidrogênio e hélio que surgiram logo após o Big Bang. Nossa existência é fruto da alquimia cósmica que transformou matéria primordial em elementos químicos e, mais tarde, em vida. Não faz muito tempo, nossos ancestrais desceram das árvores na África, lançando-se numa jornada de descobertas e evolução que nos trouxe até aqui, à beira do espaço interestelar.

Com os olhos voltados para o futuro, é importante lembrar que nossa trajetória até aqui só foi possível graças aos avanços científicos e à paixão humana pela descoberta e compreensão. Ao longo de nossa história, enfrentamos inúmeros desafios e superamos barreiras aparentemente intransponíveis, mas sempre seguimos adiante, impulsionados pelo desejo de conhecer e explorar o desconhecido.

À medida que nos lançarmos rumo às estrelas, é fundamental mantermos acesa a chama da ciência e da curiosidade. O espaço interestelar é um terreno fértil para a inovação e a criatividade, oferecendo oportunidades sem precedentes para o desenvolvimento de novas tecnologias, a busca por novos conhecimentos e a criação de um futuro mais próspero e sustentável para todos os seres vivos no cosmos.

Nesse momento de transição, devemos nos unir como espécie e trabalhar juntos para garantir que nossa exploração do espaço seja marcada pela sabedoria, responsabilidade e compaixão. É nossa missão coletiva garantir que o legado humano no universo seja um de amor, respeito e solidariedade. Que nossas ações hoje possam criar um amanhã mais brilhante e promissor!

Com um olhar otimista e inspirado, encerro esta jornada poética e científica, sabendo que ainda há muito a ser explorado e aprendido. Que possamos, juntos, superar os desafios e conquistar as estrelas, guiados pela luz da ciência, do conhecimento e da esperança, pois, ao fim e ao cabo, somos todos viajantes do cosmos, destinados a desbravar o espaço interestelar e a escrever nossa história nas páginas do universo. Espero que tenham gostado das palavras escritas neste livro, que elas sirvam para você ser uns dos apoiadores dessa jornada humana que começará em breve.